环　境

不列颠图解科学丛书

Encyclopædia Britannica, Inc.

中国农业出版社

图书在版编目（CIP）数据

环境 / 美国不列颠百科全书公司编著；霍星辰译
. -- 北京：中国农业出版社, 2012.9（2016.11重印）
（不列颠图解科学丛书）
ISBN 978-7-109-17025-4

Ⅰ.①环… Ⅱ.①美… ②霍… Ⅲ.①环境科学—普
及读物 Ⅳ.①X-49

中国版本图书馆CIP数据核字(2012)第194757号

Britannica Illustrated Science Library
The Environment

© 2012 Editorial Sol 90
All rights reserved.

Portions © 2012 Encyclopædia Britannica, Inc.

Photo Credits: Corbis, Daniel Micka/Shutterstock.com, Getty Images

不 列 颠 图 解 科 学 丛 书
环　境

编　　著：美国不列颠百科全书公司
项 目 组：张　志　刘彦博　杨　春
策划编辑：刘彦博
责任编辑：刘彦博　梁艳萍
翻　　译：霍星辰
译　　审：张鸿鹏
设计制作：北京亿晨图文工作室（内文）；惟尔思创工作室（封面）
出　　版：中国农业出版社
　　　　　（北京市朝阳区农展馆北路2号　邮政编码：100125　编辑室电话：010-59194987）
发　　行：中国农业出版社
印　　刷：北京华联印刷有限公司
开　　本：889mm×1194mm　1/16
印　　张：6.5
字　　数：200千字
版　　次：2012年12月第1版　2016年11月北京第2次印刷
定　　价：50.00元

环境

目 录

空气污染

工厂的烟囱将二氧化碳和其他污染物排放到空气中。

地球在哭泣

难民在寻找水源
气候变化导致土地资源和其他自然资源流失，使饮用水源和其他物资变得越来越有限。

对环境科学领域的专家们来说，并不需要特别关注就能意识到世界正在发生改变。气候变得越来越暖吗？这要看你住在什么地方了。全球变暖并不一定意味着你生活的地方变得越来越暖和。对生活在这个星球上的绝大多数人来说，他们几乎感觉不到气候正在发生变化，但许多植物和动物所感知的情况却并非如此。

因为其成长和迁移的环境条件与大自然联系紧密，许多物种在它们生长和迁移的过程中正经历着这类改变。尽管不同的物种对气候变化的反应是不同的，但是多数物种（例如鸟类和昆虫）都会选择在天气温暖、食物资源充足的时节进行繁殖或生育，因此气候上的变化通常会造成它们的数量减少。到目前为止，由于世界上大部分地区气候变暖的速度是平和而缓慢的，因此动植物还可以通过退到纬度和海拔更高的地方来克服这种变化，但是这些退却路线是有限的。总有一天，许多物种将不会再有可去的地方。调查人员得出的结论是：从深海里的鱼类到热带雨林里的两栖动物，每天都有一些物种灭绝，这是一个给这些动物所属的食物

链造成缺口的过程。关心环境并不是做出一个伤感的姿态、或是天真地希望"时间倒转"就可以实现的，人们应该理智地认识到：环境问题是人类历来所面临的最大威胁之一。

本书涵盖了几个主题，其目的是为了让人们能清楚地意识到保护环境所面临的各种挑战，以及针对这些问题的可能的解决方案。一旦我们开始意识到已经出现的环境问题，每个人就可以反省自己，同时为了保护我们这个星球上的生命，我们还要改变自己的不当行为。例如，人类的行为正在毁灭大片大片的森林，知道这一点对你来说就很重要。

你是否意识到，在热带雨林里栖息着数量庞大、种类不同的生物，但森林边缘地区的树木却遭到人们的砍伐和焚烧，林地被垦作农田。以目前乱砍滥伐的速度，以及全球变暖情况的持续恶化，科学家们预测，20年后，40％的亚马孙热带雨林将被毁坏，同时另有20％的热带雨林也将受到侵蚀。

监测环境的科学家们发现，地球许多地方的年平均地表温度都已经超出了其历史最高值。科学家们还观察到了其他一些变化：冰川正在消退，野火频繁发生，珊瑚礁濒临死亡。本书中讨论的几个话题，正是目前困扰世界上许多发达国家的环境问题，也涉及将来环境的发展蓝图。

随着第二次世界大战后出现的一些显著的生态灾难，许多环境组织应运而生，一些国家还将环境问题提到国家层面上进行讨论，这使得农业实践开始更多地转向保护以及可持续发展。同时越来越多的国家开始在清洁能源、可再生能源（如太阳能、风能，或地球内部能源）上加大科技投入。我们邀请你翻开本书，和我们一起来关注环境和保护环境。●

危机中的星球

对 森林的乱砍滥伐，对土壤、空气和水的污染，对生态系统的破坏以及对土地资源的过度开发等因素，似乎将我们推入了全球变暖的恐怖阴影之下，导致我们的未来变得错综复杂。目前，我们对能源、原材料、水和食物资源的消耗已经达到了如此高的水平，以至于发现这颗

亚马孙地区火灾

卫星图像显示的亚马孙河附近的一个火圈，显示的是在巴西东南部人们对亚马孙雨林进行的乱砍滥伐式的破坏。

蓝色星球上的生命的局限性也就不足为奇了。此种严峻的形势要求人们必须彻底放弃过去的破坏性行为，同时积极寻求可持续的、和谐的解决方案（例如使用可再生能源），使我们的生活方式不再对大自然造成破坏。●

灭绝的危险

目前，居住在地球上的人口超过了60亿，比以往任何时候都多。数量庞大的人口给这个星球留下了不可磨灭的印记，也带来了一些结局难料的变化。对森林的乱砍滥伐、对生态系统的破坏、对大气和水的污染以及对土地使用方式的改变（如建水坝和水库）等等，似乎最终都累积成了全球变暖的现象，它正在影响着地球，并预示着一个真正困难和复杂的未来即将到来。●

威胁

人类第一次面对自己在地球上的生存所带来的后果，其影响在全球范围内存在。

5

这是地球历史上重大灭绝事件发生的次数（在这些事件中，大量的物种相继消亡）。所有这些灭绝事件都是由自然原因造成的。然而，下一次灭绝灾难是否将是由人类自身的活动造成的呢？

气候变化

根据大量的科学研究，在过去数十年中，地球的平均温度一直在升高。汽车尾气和各种产业气体的排放，使大量的温室气体进入大气层，研究人员一直在讨论人类应该对这种现象负多大的责任。气候加速变化的后果正在以自己的方式显现出来：洪水、越来越强和越来越频繁的暴风雨、干旱、冰川减退、海平面上升、热带疾病蔓延、生态系统的破坏等灾难接连发生。

人口过剩和社会不平等

现在，世界上的居民已超过了60亿。根据当前的人口增长趋势，到2100年地球上的人口将达到105亿。仅这一数字就足以引起人们的关注，而它同时还会引发另一个令人不安的现象：社会不平等。

污染

人类活动污染了土地和水源。空气污染会使空气密度加大，使人类无法呼吸，而污染带来的温室气体也将会加速气候变化。

30亿

这一由世界银行提供的数字，是世界上仍然生活在贫困中的人口数量。这个数字是世界总人口的一半，说明了对环境构成消极影响主要因素之一的严重性。

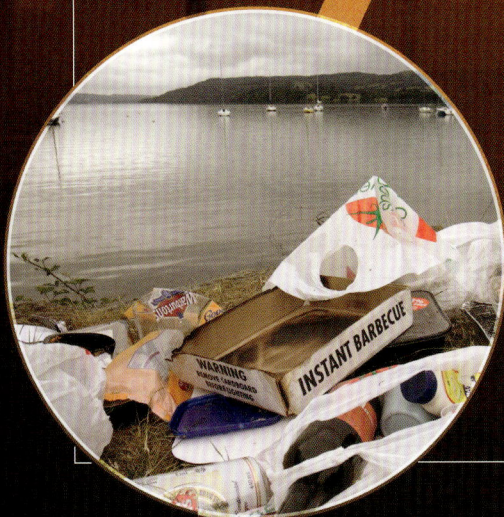

预测

纵观历史，许多人都曾预言世界的终结。

999年

当第一个千禧年临近时，数以百计的先知站出来，宣称1000年即将出现灾难性的巨变。

1910年

哈雷彗星的出现引起了人们的恐慌，特别是有些人声称，哈雷彗星的尾巴含有有毒气体，可能会灭绝这个星球上的所有生命。

1962年

在冷战最紧张的时期，美国和苏联之间的关系几乎到了核战争的边缘。

1999年

尽管"千禧年问题"起因于一个计算机编程的差错，即计算机上的时钟无法正确计算2000年。但对许多人来说，这个问题预示的即使不是世界末日，世界也会一片混乱。然而，当2000年最终到来时，什么也没有发生。

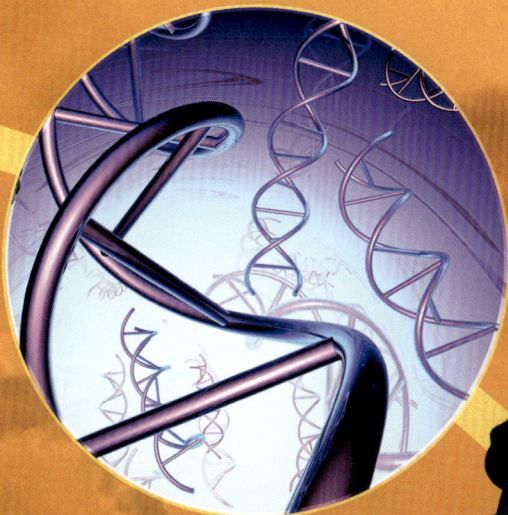

300年

这是1个塑料娃娃腐烂分解所需的时间。1块口香糖需要5年才能真正化为尘土，而1块电池则可能需要1 000年。

野生地区的破坏

污染和对自然资源的密集开发，已经对许多生态系统造成了巨大破坏，这导致大量无法估算的物种灭绝。然而更糟糕的是，随着时间的推移，这种状况不仅在继续，似乎还在加速恶化。

基因工程

作为科学的前沿，基因工程使人类有能力改善现存的物种。将来，新的物种或许可以被"订制"。但没有人知道，新的物种会给这个星球上生命间的微妙平衡带来什么样的影响。

6月5日

联合国于1972年选定这一天作为每年的世界环境日，但是这一天却很少受到关注。

反击

正如地球所面临的威胁与日俱增一样，公众的环境意识也在不断增强，人们开始要求采取保护环境的措施了。

天堂的终结

过去的数百万年，地球曾经是一个完全受太阳和各种自然元素主宰的地方。有时候，它炎热无比，完全不适合生命居住；有时候，它又像一个热带花园。然而，就在1万年前，一切都发生了变化。农业作为一个新的起点，使单一的一个物种（人类）成为这个星球的主宰，而且他们的行为会给全球带来意义深远的变化。人类这个物种令成千上万其他物种的生存变得岌岌可危。●

文明的诞生

▶ 在大约1万年前的新石器时代，人们不再以狩猎和采集为生，而开始了农业耕作和饲养家畜，并在固定的定居点生活，这些人开始改变他们周围的环境。

人口
据估计在这个时期的开始阶段，全世界只有1 000万人左右。农业生产出现后，人口迅速增长到1亿多。

污染
由于垃圾的积累，已经出现了一些小的污染中心，但影响甚微。

资源开发
影响很小。由于农田面积很小，因此不会对环境造成重大改变。随着以泥巴、石头、木材和稻草为材料修建的建筑物的出现，第一批城市诞生了。

中世纪

▶ 成千上万的居民
生活在有城墙庇护的城市中。然而，与居住在这里的人口规模相比，城市里的公共卫生条件非常糟糕。导致的结果是，城市不时地被瘟疫蹂躏，例如14世纪的黑死病。

人口
这一时期是人口的增长期，世界人口在3亿～4亿。

污染
很多地区受到生活垃圾甚至重金属的污染（如铅污染），但是从全球范围看，这种污染尚无关紧要。城市里恶劣的卫生条件使普通疾病和流行病呈上升趋势，这简直是灾难性的。

资源开发
森林开始被大规模地砍伐，砍伐后的木头被用作燃料或修建房屋。这一时期，有些物种被迫离开栖息地，一些资源被过度开发。然而在世界范围内，这些由人类活动造成的影响还是较小的。

工业革命

18世纪中叶，蒸汽机出现并很快被推广到了世界各地。作为燃料，煤在很大程度上取代了木头，但是，煤的燃烧却向空气中排放了大量的污染物，例如硫。

人口
1750年，大约有8亿人居住在这个星球上。这一年被认为是工业革命的开始，从这一刻起，人口开始以前所未有的速度增长。

污染
一些地区的污染达到了相当严重的水平。工业化导致空气中和水中都出现了有害物质，工业城市通常被厚厚的烟云笼罩着。

资源开发
有记录显示，在这一时期，人类的行为导致了一些物种灭绝。木材作为一种基本资源被用于许多用途，因此整片整片的森林遭到砍伐，而不规范的采矿也使一些地区遭到破坏。

百万分之385

这是2008年大气层中二氧化碳的浓度。而在工业化之前，其浓度一直低于百万分之280。

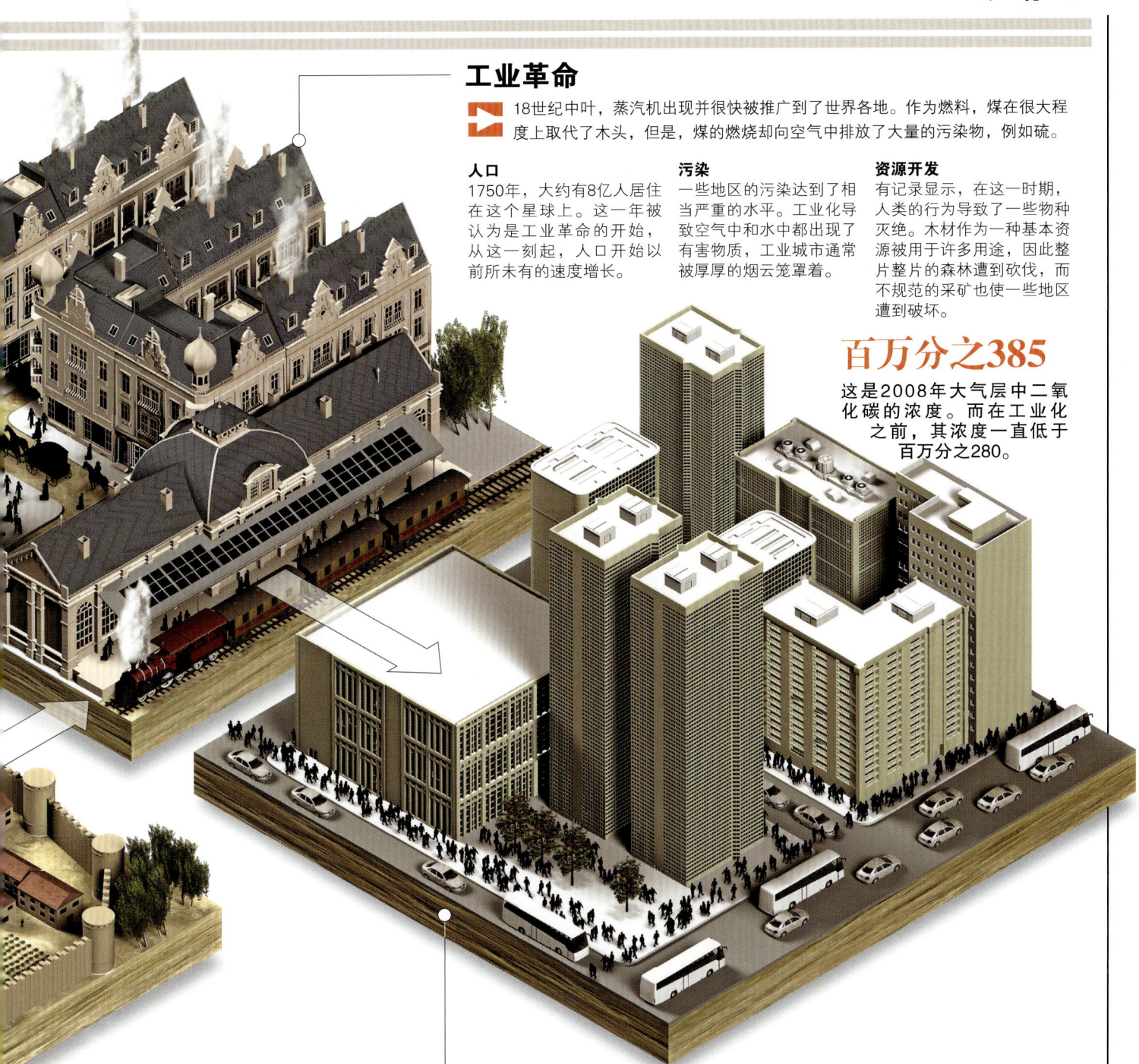

今天的世界

21世纪初期，地球正经历着环境危机，人们也在过去的破坏性习惯和寻找与自然和谐相处的方法之间挣扎，而不是继续毁坏。

人口
目前地球上有60多亿居民。与几十年前相比，人口出生率有所下降。

污染
全球大部分地区受到污染，整个生态系统已经失衡。温室气体的排放、燃烧化石燃料产生的废气导致全球变暖，并给世界各地带来了影响。而氯氟烃（CFCs）的使用，使臭氧层遭到了破坏。

资源开发
新的技术已经用于食品生产，但是其分配仍很不平衡。此外，一些资源已经被耗尽，而其他一些资源则受到了保护。

温室气体

人类活动造成影响的主要指标之一是大气中温室气体的浓度。右侧的图表显示了工业革命以来，大气中二氧化碳（CO_2）、甲烷（CH_4）和氧化亚氮（N_2O）的浓度急剧增加的情况。

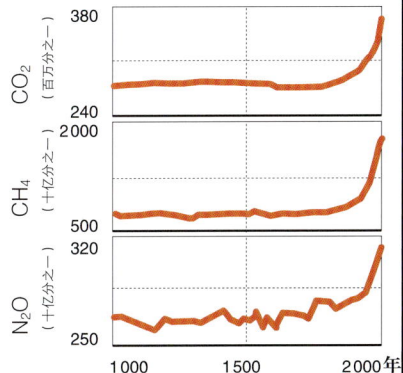

CO_2（百万分之一）

380

240

CH_4（十亿分之一）

2000

500

N_2O（十亿分之一）

320

250

1000　1500　2000年

温室效应

大气层中的一些气体可以捕获太阳照射到地球表面后产生的热量，这些气体的共同作用就产生了温室效应。只要一提到这个话题就会引起人们的焦虑，因为许多人认为温室效应是全球变暖的主要原因。但是，它的坏名声有时候却模糊了一个事实，那就是：如果没有温室效应，地球将是一个没有任何生命迹象的冰封世界。●

令人惊讶的气体天花板

地球能够接收来自太阳的热量，并能将部分热量反射回空中，而大气层中的温室气体则会将捕获的部分热量反射回地球。在这个过程中，温室气体帮助地球表面和大气层中的最低层（对流层）保温。

−22℃

如果没有温室效应，这将是地球的平均温度，并且日夜温差会非常大。

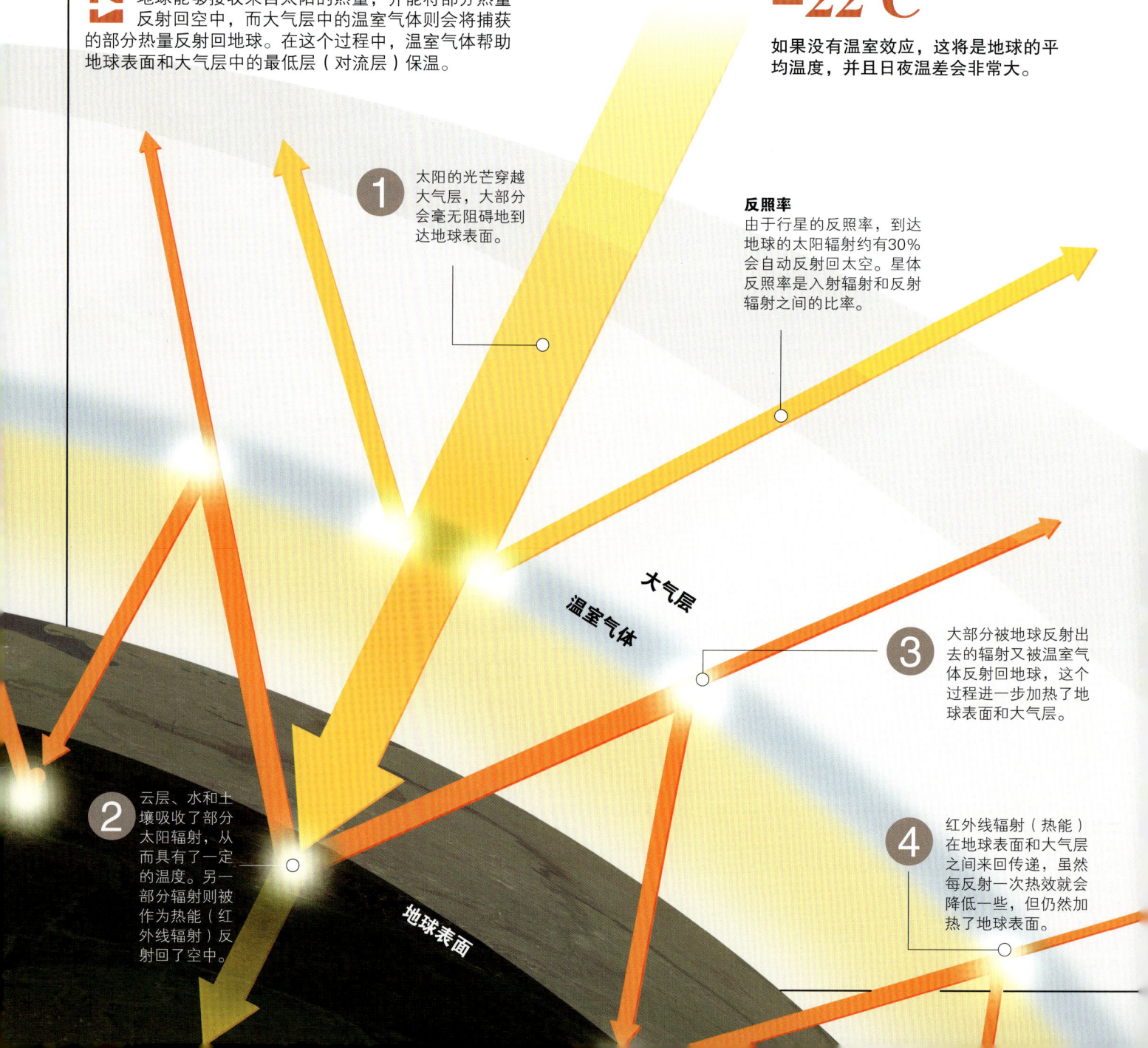

1 太阳的光芒穿越大气层，大部分会毫无阻碍地到达地球表面。

反照率
由于行星的反照率，到达地球的太阳辐射约有30%会自动反射回太空。星体反照率是入射辐射和反射辐射之间的比率。

大气层

温室气体

3 大部分被地球反射出去的辐射又被温室气体反射回地球，这个过程进一步加热了地球表面和大气层。

2 云层、水和土壤吸收了部分太阳辐射，从而具有了一定的温度。另一部分辐射则被作为热能（红外线辐射）反射回了空中。

地球表面

4 红外线辐射（热能）在地球表面和大气层之间来回传递，虽然每反射一次热效就会降低一些，但仍然加热了地球表面。

碳循环

因为碳与氧结合形成的二氧化碳是主要的温室气体，所以科学家们重点观察了碳在自然界的运动方式。碳是所有生命有机体的基本组成部分，它在生物圈内不断地循环运动。

图中显示了参与碳循环的碳的近似值数量，以百万吨计算。

大气层：750

92

在海洋和大气层之间循环

化石燃料排放：5.5

化石燃料生产：4 000

表层水：1 020

90

海洋生物：3

在表层水和深层水之间循环

92

中层和深层水：28 000~40 000

100

溶解有机碳：700

表层沉积物：150

海洋岩石和沉积物：6 600万~1亿

百万分之385

这是2008年大气层中二氧化碳的浓度，此数值在过去的42万年间从未有过。一些权威机构怀疑从2 000万年前开始，它的浓度就已经这么高了。

121

在地面和空气之间循环

植物的生长和死亡，以及土壤的呼吸

120

土壤：1 580

地表植物：540~610

火灾

0.5

土地用途的改变

1.5

煤炭储量：3 000

石油和天然气储量：300

人类带来了什么

现今，大气层中的温室气体浓度较高，一般认为，正是这个原因导致了气候的变化，而大部分温室气体浓度的增加都与人类活动有关。具体的温室气体介绍如下。

温室气体

大气层中的所有温室气体中，二氧化碳的含量最高（占1/2），其次是甲烷、氮氧化物和氯氟烃（CFCs）。

温室气体在大气层中所占的百分比

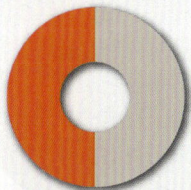

二氧化碳（CO_2）
是通过生物过程自然生成的，例如腐烂和燃烧。然而，在过去的250年中，人类的活动，特别是工业生产过程，以及砍伐森林和使用以化石燃料作为动力的汽车，使二氧化碳在生态环境中的含量升高。

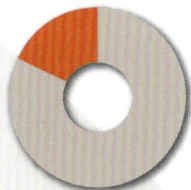

甲烷（CH_4）
是最简单的碳氢化合物。它们是在厌氧分解过程中自然生成的，换句话说，也就是在不使用氧气的情况下进行细菌分解。

氯氟烃（CFCs）
是由人类合成的用作工业生产的化合物，常常用于制冷业。虽然它们对人类来说是无毒的，但是却对可以保护地球不受有害太阳辐射的臭氧层有很大的破坏作用。

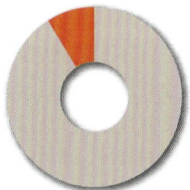

平流层臭氧（O_3）
平流层的臭氧可以为地球提供保护，使其免受太阳紫外线辐射。然而，在工业过程中或燃烧化石燃料时产生的地球表面或临近地球表面的臭氧（近地面层臭氧）则是一种空气污染物，也是一种温室气体。

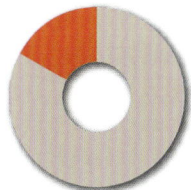

氮氧化物（NO_x）
这种气体也是在工业过程中或燃烧化石燃料时产生的。

能源生产

一个发展中的世界对能源的需求是日益增长的，但目前所使用的能源在很大程度上都是不可再生能源，而且，这些能源的利用会对环境产生一定的负面影响，产生一种没有确切解决方案的糟糕状况。尽管近年来，清洁的、可再生的替代能源生产有了强劲发展，但它们仍然只占能源总数的一小部分。●

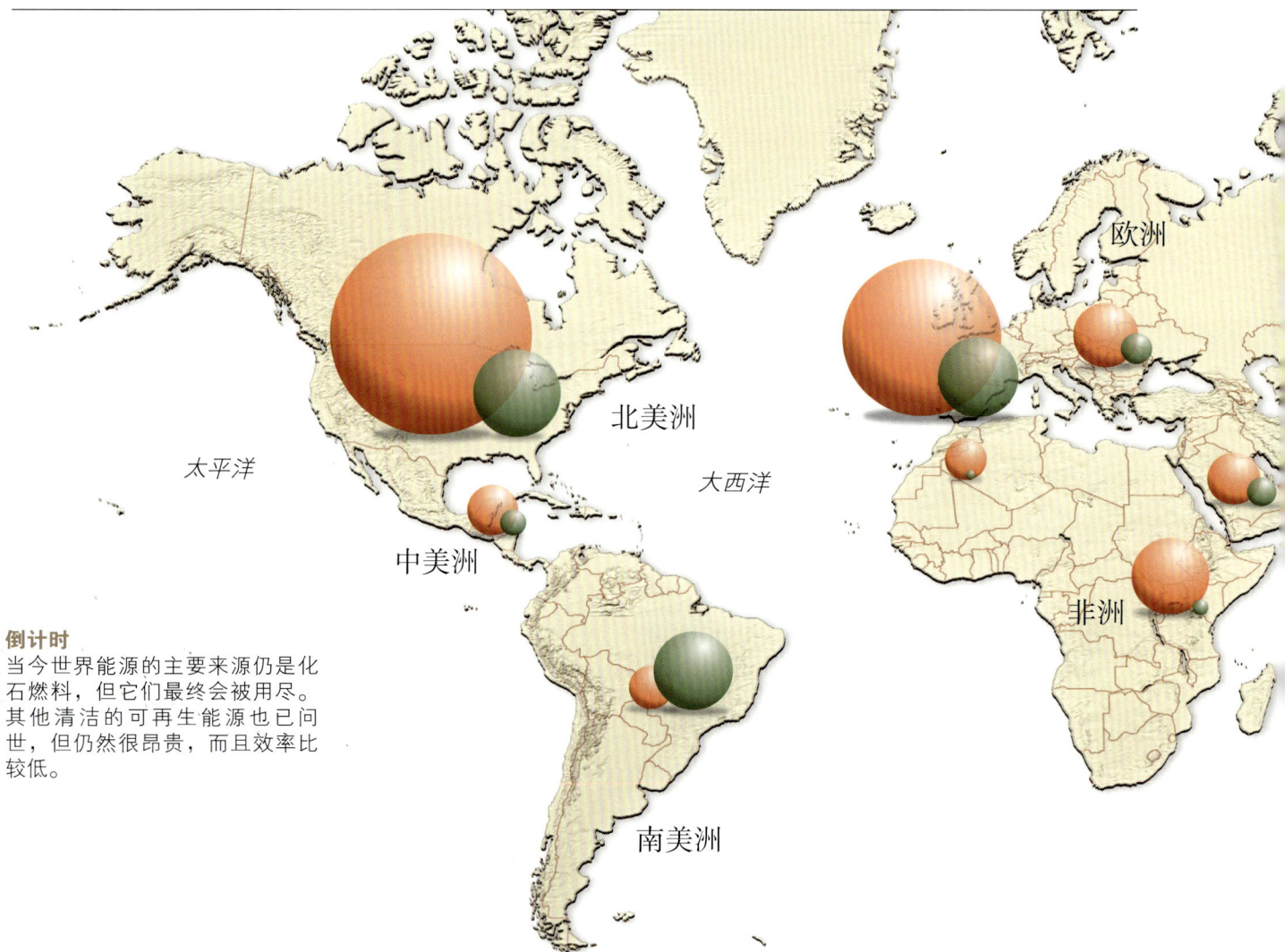

欧洲

北美洲

太平洋

中美洲

大西洋

非洲

倒计时

当今世界能源的主要来源仍是化石燃料，但它们最终会被用尽。其他清洁的可再生能源也已问世，但仍然很昂贵，而且效率比较低。

南美洲

减缓消耗

由于各国政府都颁布了相关的节能政策，使世界化石燃料消耗的增长速度有所减缓。 2008年，全球初级能源的消耗量增加了约2%。国际能源机构（IEA）的数据显示，石油消耗占能源需求的35%，呈继续下滑趋势，而天然气消耗创造了24%的纪录。在许多国家，投资新的可再生能源已经成为能源开发的基本内容之一。欧盟在2008年装机容量最多的是风力发电，而在全球范围内，风力发电的装机容量增长了28.8%，达到1.208亿千瓦。一些国家在利用新能源方面已经取得了显著进展。例如，中国在2007年安装的风力发电机容量增加了一倍，达到12.2吉瓦(GW)。

0.245千克

这是利用石油生产1千瓦时的能量，将向大气中排放的二氧化碳的量。如果使用煤炭生产同样的能量，则要排放0.355千克二氧化碳，但如果使用核能，就不会产生二氧化碳。

地图上球体大小图示：
生产万亿瓦小时的电力

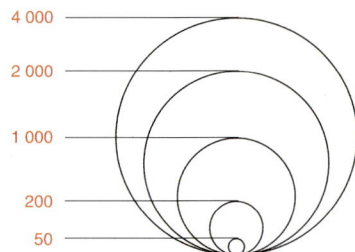

4 000

2 000

1 000

200

50

当前"肮脏"的环境

清洁的可再生能源的产量仅达能源总产量的10%多一点。化石燃料仍占主导地位，占能源总产量的80%左右。

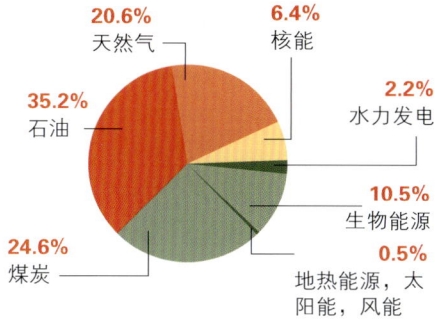

20.6% 天然气
6.4% 核能
35.2% 石油
2.2% 水力发电
10.5% 生物能源
24.6% 煤炭
0.5% 地热能源，太阳能，风能

不确定的未来

对能源生产和使用领域的预测是相当复杂的。下面是国际能源机构预测的2030年的能源使用情况。

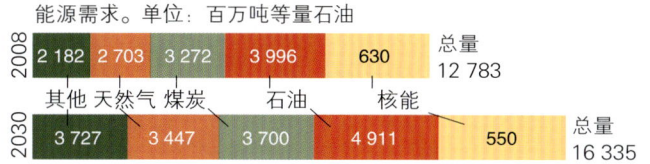

能源需求。单位：百万吨等量石油

2008	2 182	2 703	3 272	3 996	630	总量 12 783
	其他	天然气	煤炭	石油	核能	
2030	3 727	3 447	3 700	4 911	550	总量 16 335

约3%

这是三峡水电站可以满足中国电力需求的百分比。三峡水电站是世界上最大的水电站，它位于长江中游，从2008年起开始全面运作。这个巨大的工程需要数百万人迁离家园。这项工程最初计划供应中国10%的电力，但是用电量的增长速度远远超过了预期。

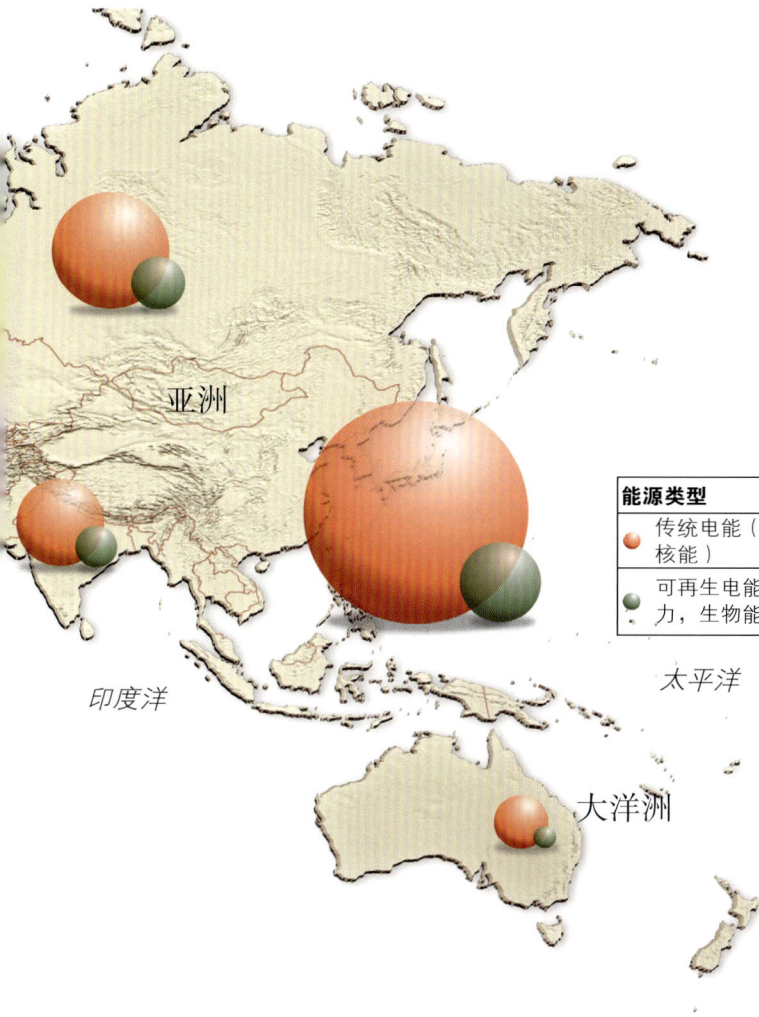

亚洲

印度洋

太平洋

能源类型
- 传统电能（化石燃料，核能）
- 可再生电能（水力，风力，生物能量）

大洋洲

投资用玉米和大豆生产生物燃料，是这些数百万人赖以生存的基本食品涨价的原因之一。

生物燃料

可预见的石油储量及其逐渐枯竭导致人们利用农作物生产燃料。但生物燃料并不像人们普遍认为的那样环保，而且它们也能产生负面的社会影响和环境效应。

煤的负面影响

尽管在某些方面已经被石油所取代，但煤炭仍然是发电的主要燃料。它的负面影响主要表现在：它是大气中二氧化碳排放的主要来源，它能产生重金属废料，导致酸雨，并向大气中释放大量的微粒（烟尘）。

风力发电

全世界风力发电机的装机容量约为1.2亿千瓦。用这种形式的清洁的可再生能源，生产的电力约占世界电力总量的1%。在某些国家（如丹麦），风电约占全国电力生产总量的20%。

污　染

工厂和工业区每天会产生成千上万吨污染物，这些污染物扩散到大气中会对地表的植被产生影响，有些污染物（氯氟烃）还会影响地球的臭氧层。正如人类活动会对空气产生影响一样，人类活动也会对水源造成污染。

有些污染是直接造成的，如未经处理的工业废水被排放到河流和湖泊里；还有些水体污染是由事故引起的，如1989年埃克森·瓦尔迪兹号油轮石油泄漏事故，这次事故对泄漏区域内的野生动物和藻类造成了严重的影响。●

空气污染

人类的活动（特别是涉及工业和交通运输业的活动）每天排放成千上万吨废气。空气污染物主要包括气体、微小固体颗粒，甚至含有有害物质的细小液滴。它们会被人和动物吸入体内，或形成损害植物生命的酸雨。一些化学物质能够进入平流层，损害保护地球免受太阳紫外线辐射的臭氧层。目前，我们环境保护议程中的一项主要内容，就是减少有害气体的排放量。●

成千上万的来源，成千上万的问题

主要的空气污染物来自汽车尾气和工厂的烟囱。

一氧化碳（CO）
是无色无味的气体，产生于碳化合物的不完全燃烧。它能使人感到恶心、剧烈头痛和疲惫，浓度高时能够令人丧命。

二氧化碳（CO_2）
是温室效应形成的主要因素，在煤炭、石油和天然气的燃烧过程中产生。它被直接吸入时是有毒的，当其浓度较高时会造成环境缺氧，导致人或动物呼吸急促、昏厥，甚至死亡。

氯氟烃（CFCs）
此类物质很大一部分用于工业生产，特别是在制冷系统、空调及消费品的生产中。它们能破坏臭氧层中的臭氧分子，而臭氧层能够保护地球免受太阳的紫外线辐射。氯氟烃的生产从20世纪90年代初开始大幅度减少。

铅（Pb）
这种金属有剧毒，能使人意识模糊、神经紊乱，对孩子的危害特别大。对野生动物和植物也有危害。

臭氧（O_3）
与在平流层中的臭氧不同，飘浮在地面附近的臭氧是一种毒性很高的污染物。它会刺激人类的呼吸系统，导致胸部疼痛、不停地咳嗽，还会对人的深呼吸造成障碍，增加肺部感染的风险。

氮氧化物（NO_x）
这种化合物是在汽油和其他燃料燃烧时产生的。它是烟雾和酸雨的主要组成部分，会造成呼吸系统疾病。

微粒物
是细小的固体颗粒，悬浮在空气中，包括灰尘、烟雾、烟尘以及重金属。微粒污染能够导致多种呼吸系统疾病。

二氧化硫（SO_2）
这种气体产生于煤炭燃烧、金属冶炼以及各种工业生产过程中，是烟雾和酸雨形成的主要原因之一。二氧化硫能导致永久性的肺部疾病。

挥发性有机化合物（VOCs）
是由某些有机化合物（如汽油和几十种工业化学品）产生的蒸气，它对生命健康与环境卫生有很大的影响，并能引发癌症、呼吸系统疾病和神经紊乱。

5.6

这是雨水的正常pH（pH是酸碱度的比值，其中7是中性值），酸雨的pH为3~5。

近地面层臭氧是由污染物与大气中的气体发生化学反应产生的。

工业（二氧化碳、氮氧化物、可挥发性有机化合物、铅、二氧化硫、微粒物、氯氟烃）。有时候工业事故会造成真正的环境灾难。

牧场
（二氧化碳）

空气中含有有毒物质的地方

空气污染并不是均衡地分布在这个行星上的。与其他地区相比，有些地区受污染的程度会更大些。此外，由于大气流动可以将污染物带到很远的地方，因此空气质量差的地区并不总是在污染源附近。

世界上5个污染最严重的城市

大布莱克史密斯研究所一直在世界各地进行有毒污染的评估，根据他们的报告，下面列出了世界上5个污染最严重的城市。

3 海纳，多米尼加共和国
这里的100多家工厂都在没有任何卫生监督的情况下进行生产，致使整个城市笼罩在恶臭的云层下。

5 拉奥罗亚，秘鲁
整座城市被污染的灰云笼罩着，这是因为当地经济建立在大规模金属冶炼的基础上。这里的儿童血液中的铅含量高得令人担忧。

4 卡布韦，赞比亚
此地铅的浓度非常高，它主要产生在城市的矿山区。这里的儿童血液中的含铅水平，比卫生标准允许的最高值高出5~10倍。

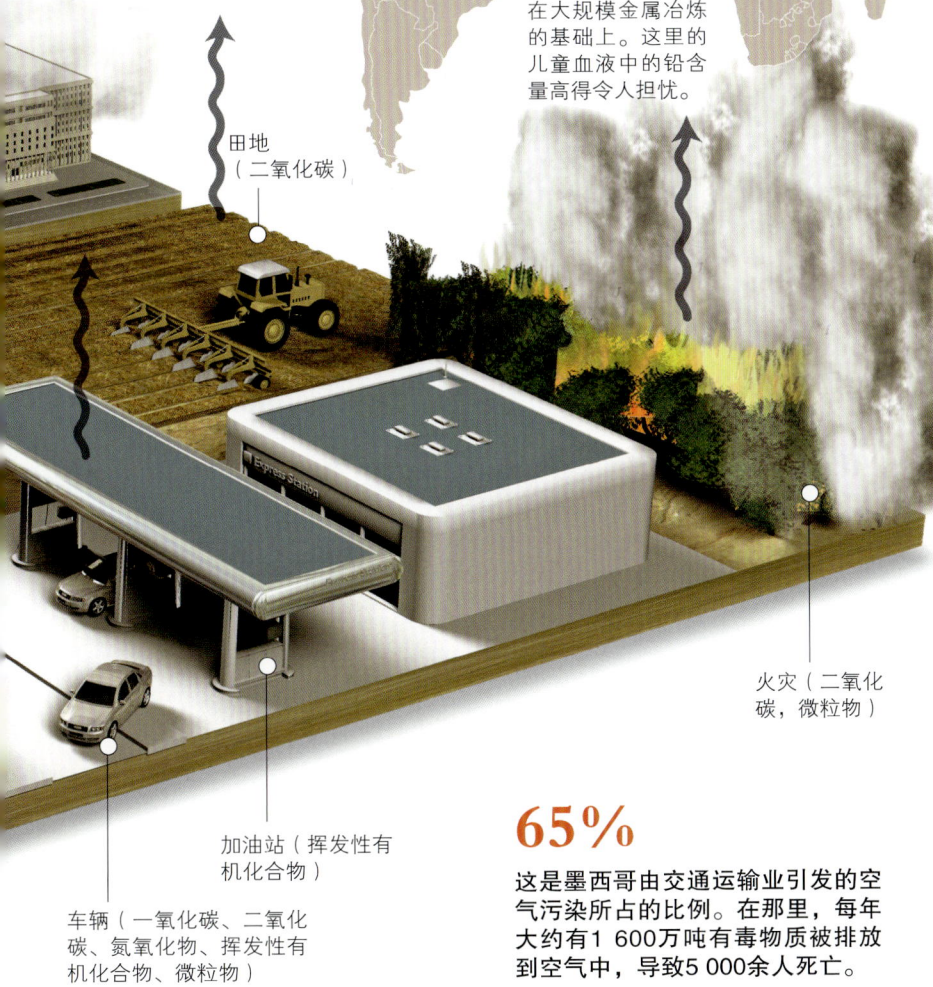

240万

这是根据世界卫生组织的报告，每年死于空气污染的人数。

1 切尔诺贝利，乌克兰
1986年，切尔诺贝利核电站发生核辐射泄漏事件，大片地区受到污染。尽管经历了30年的半衰期，但该地区仍然存在大量辐射。

2 捷尔任斯克，俄罗斯
这个城市是一个化学武器和有毒产品的制造中心，此处一些化学物质的污染程度超出正常环境允许值几百万倍。这里居民的平均寿命预期值仅为42岁。

田地（二氧化碳）

火灾（二氧化碳，微粒物）

加油站（挥发性有机化合物）

车辆（一氧化碳、二氧化碳、氮氧化物、挥发性有机化合物、微粒物）

65%

这是墨西哥由交通运输业引发的空气污染所占的比例。在那里，每年大约有1 600万吨有毒物质被排放到空气中，导致5 000余人死亡。

空气质量指数

此指数是由美国环境保护署制定的，用于测量污染程度及其对受害人群的影响。一些组织提供每日报告。

儿童、活跃的成年人以及有呼吸系统疾病的人

其他人

避免所有户外活动。	非常不健康	限制长时间的户外活动。
避免长时间户外活动。	不健康	限制长时间的户外活动。
避免长时间户外活动。	对敏感人群来说不健康	
避免长时间户外活动。	温和的	
处于此水平很少或没有健康问题。	良好	

博帕尔灾难

工业泄漏会对环境造成什么样的危害？发生在1984年12月2日至3日夜晚的事件，以死亡为代价给我们上了痛心的一课。印度博帕尔的一家杀虫剂厂发生事故，带有剧毒的气体云被排放出来，并沿着地面蔓延到整座城市，其经过之处人人中毒。1.6万~3万人在这次事故中死亡，5万人只能在病残中度过余生，此外还有成千上万的人受到病患的影响。●

工厂

该工厂建于20世纪60年代末，为美国跨国公司联合碳化物公司印度子公司所拥有。该工厂面对印度广大的农业市场生产杀虫剂，由于需求下降，已于1983年停止运行，但厂内仍存放着危险的化学品。

甲基异氰酸酯（MIC）
是制造杀虫剂的原料之一，在博帕尔工厂被存放在3个大罐中。

· 一种易燃的含有剧毒的液体。

· 它与水和某些金属（如锌、铁、锡、铜和其他金属的盐类）能产生剧烈的反应，在其化学分解过程中，可以产生氰化物。

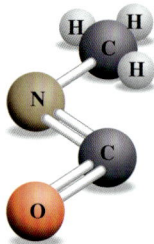

氢氰酸（氰化物）
一些权威人士认为，这种化合物是由甲基异氰酸酯气体云与环境中的其他气体发生反应产生的。

· 一种无色、易燃的液体，有剧毒，可致命。

· 有苦杏仁的甜香气味。

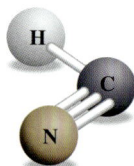

城市

博帕尔市是中央邦的首府，该邦是印度最贫穷的地方之一。1984年博帕尔市人口70万。

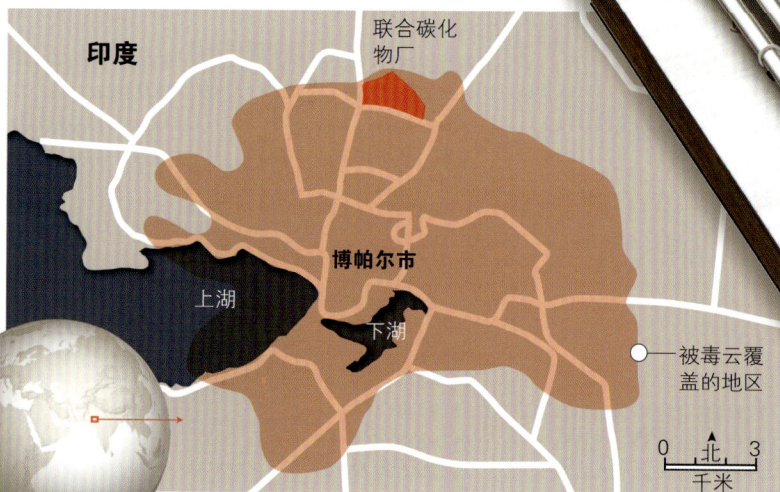

印度

联合碳化物厂

博帕尔市

上湖

下湖

被毒云覆盖盖的地区

0 北 3
千米

500

博帕尔杀虫剂厂释放的有毒气体云的毒性，比二战大屠杀期间纳粹毒气室所使用气体的毒性高出500倍。

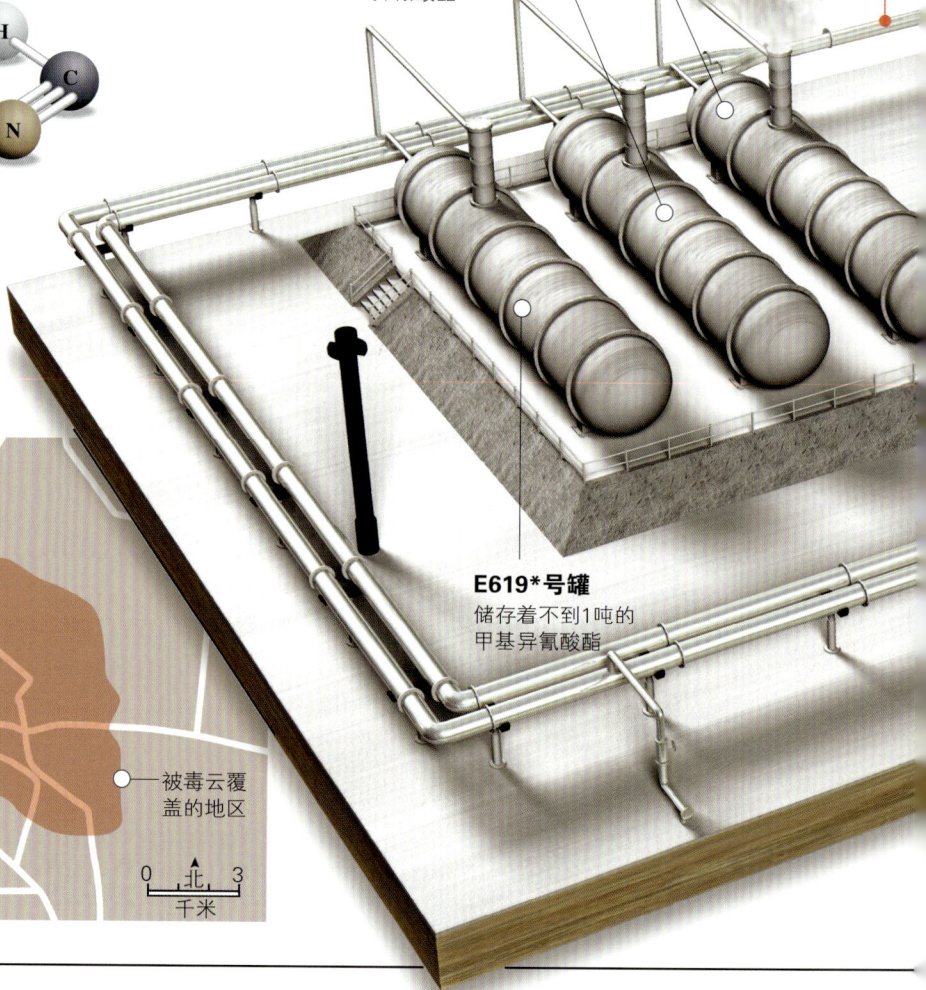

根据该工厂老板的说法，水被引入的这一处是被人蓄谋破坏的。

E610号罐
储存着42吨甲基异氰酸酯

E611*号罐
储存着10吨甲基异氰酸酯

E619*号罐
储存着不到1吨的甲基异氰酸酯

事故

这场历史上最严重的工业灾难，是由于储存在罐子中的甲基异氰酸酯（MIC）和水接触，产生化学反应释放出毒云造成的。

起因

该工厂关闭后，合格的员工被遣散，换了一批没有经验的工人。为节省成本，工厂内的安全系统被拆除，系统维护存在缺陷，相应的安全建议也没有被采纳。

火炬塔

被设计成可以烧掉任何外泄气体的设备，但是它与罐子的连接处已经在之前的维修中被断开了。

1 一名雇员在用带有压力的水清洗连接罐子的管道时，水通过有故障的阀门流入E610号罐子，水中携带的锈蚀管道上的盐和矿物质，与罐子里面的液体发生了化学反应。

2 甲基异氰酸酯（MIC）与水和管道残留物发生反应后，变成了气体，同时罐内温度不断升高，高压气体冲开了一个安全阀门。由于安全系统已经被断开，有毒气体在没有任何障碍的情况下，以气体云的形式泄漏出来。

3 甲基异氰酸酯（MIC）气体云与环境中的气体发生反应，产生出氢氰酸（氰化物）以及其他有害化合物。

工厂示意图

大量调查显示，水意外地从这里进入到系统中。

水幕发生器

它的能力太弱了，以致无法抵达泄漏的气体处。

冷却系统

为了降低成本，用于冷却MIC的系统在事故发生前6个月被拆下来送到另一座工厂去了。

气体净化器

有毒的气体云在这个设备中可以被净化掉其毒性，但是它被关闭了。

500美元

这是博帕尔事件中受害者得到的最高赔偿金额，绝大多数人得不到这么多赔偿，其中有相当数量的人根本没得到任何赔偿。

165万

这是今天生活在博帕尔市的人口数量，是1984年时的两倍多。

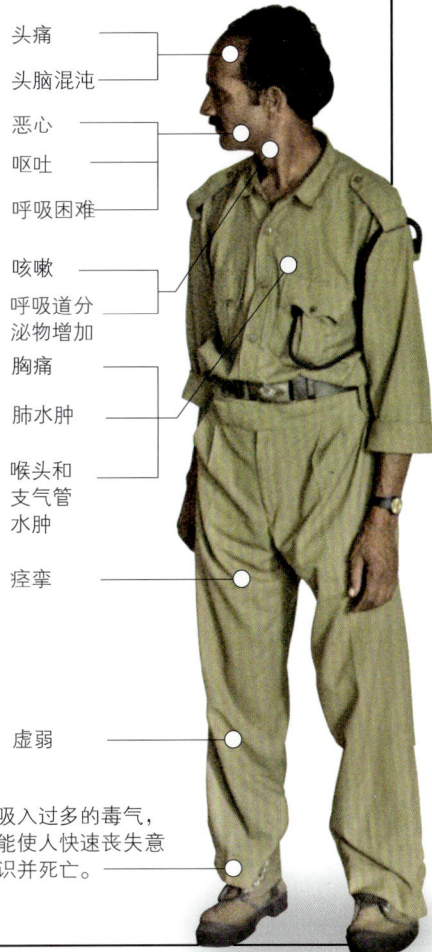

后果

这次事故对环境的损害并没有被精确地估量，但今天的博帕尔及其周围地区的污染水平要比正常环境允许值高出数百倍。

- 1.6万~3万人死于这场悲剧。

- 第1周有6 000~8 000人死去。

- 50万人暴露在有毒气体之中。

- 15万人生活在有害的环境下，因此今天不少人患有慢性疾病（包括癌症）、严重的呼吸系统疾病、先天面部缺陷、妇科并发症、耳聋及失明。

- 5万人从此丧失劳动能力。

对人类的影响

甲基异氰酸酯（MIC）制造商建议人们，即使是很微小的泄漏，也要迅速撤离到事发区3 000米以外的地方。

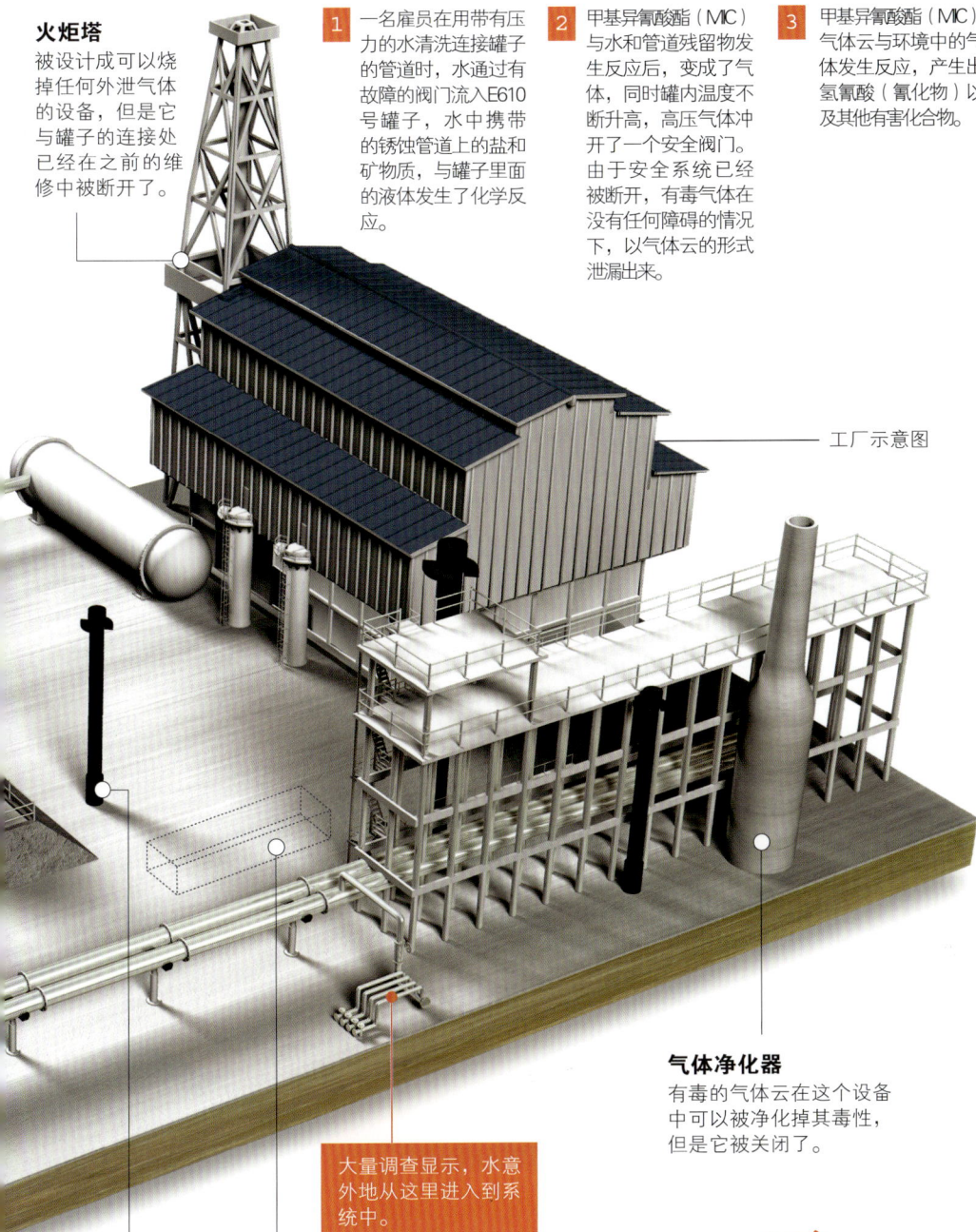

头痛

头脑混沌

恶心

呕吐

呼吸困难

咳嗽

呼吸道分泌物增加

胸痛

肺水肿

喉头和支气管水肿

痉挛

虚弱

吸入过多的毒气，能使人快速丧失意识并死亡。

水污染

人类的各种活动不但可以污染空气，也会污染水源。在某些情况下，水污染是直接原因造成的，如将未经处理的工业废料或污水排放到河流或水体中；在其他情况下，污染是在不知不觉中发生的，例如过于密集地使用农用化学品，导致有毒物质进入地下含水层或地表水中。除了对生物造成严重的危害外，水污染暴露了一个日趋严重的问题——饮用水的供应越来越有限。●

昏暗的水域

几乎所有的人类活动对水质都会造成或多或少的危害。有机或无机物质、工业废水、化肥、杀虫剂和未经处理的污水是主要的污染物。

10万

这是每年死于被丢弃在海中的塑料碎片的海洋哺乳动物的数量。这些碎片还导致100万只水鸟、不计其数的鱼类以及其他生物的死亡。

石油
近海油井和油轮始终威胁着海洋。已经有些事实证明，这种威胁已经变成了巨大的灾难。

放射性物质
这些物质来自大自然，以及核电厂和放射性废物。它们积聚在活着的生物细胞的组织里，会给生物带来严重的疾病。

有毒的游轮
下面是一周内，一艘游轮所产生的垃圾的详细数据。这些垃圾最后都被倾入海中。

| 80万升 污水 | 380万升 杂排水（淋浴和水槽中流出的水） | 14万升 舱底水（与机油和其他残渣混合的海水） | 8 000千克 固体垃圾 | 有毒废物与日常的经营活动有着密切的关系，例如清洁工作、照片冲洗等。 |

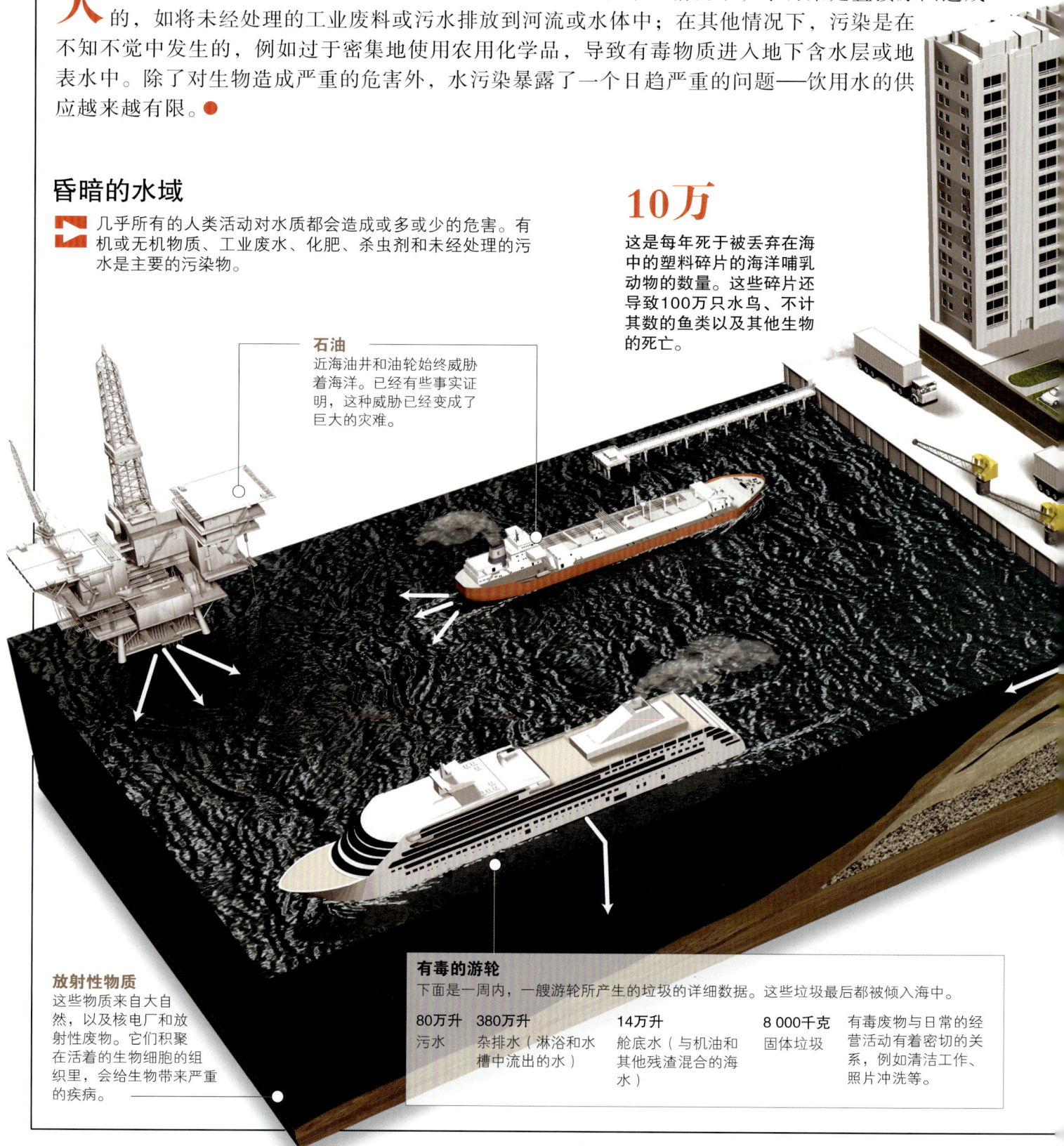

69%

这是全球农业用水占总用水量的比例，工业用水占23%，而人类直接使用的只占8%。

有机废料
范围很广，既包括粪便也包括工厂垃圾。过量的有机垃圾促使细菌增长，消耗了其他有机生物（如浮游生物和鱼类）所需要的氧气。

无机化学物
包括酸、盐及有毒金属（如铬、铅、汞），它们造成的疾病有癌症、呼吸系统疾病和先天缺陷。这些物质大部分来自工业。

4 000

每天，全世界约有4 000名儿童死于饮用水缺乏。

无机植物营养素
氮和磷对植物的生长至关重要，但是当它们在水中的含量过大时，就会成为严重的水污染物。这些化合物的主要来源是农用化肥。

致病微生物
包括细菌、病毒和传播疾病（如霍乱、肠胃炎、腹泻、肝炎及许多其他疾病）的原生动物。

有机化合物
包括碳氢化合物、油脂、杀虫剂、塑料、溶剂和肥皂等有机物质。

热污染
工厂和发电厂排放出的热水，提高了河流和水体的温度。由于温暖的水不能容纳足够多的可溶解氧，因此，此过程对水中的生物产生了负面影响。

沉积物
由土壤中的物质组成，这些物质是由流水从土地中带来的，它们使水质混浊，并形成妨碍水体底部生物生存的沉淀。

250升

这是全球平均每人每天的耗水量。在一些国家，如新西兰，人均消耗量达到760升；而在其他一些国家，如莫桑比克，人均用水量则不足8升。

十大污染河流

世界自然基金会（WWF）列出了地球上10条最濒危的河流名单。

1 怒江（中国）
2 多瑙河（欧洲）
3 拉普拉塔河流域（南美洲）
4 格兰德河（北美洲）
5 恒河（印度）
6 印度河（巴基斯坦）
7 尼罗河和维多利亚湖（非洲）
8 墨累达令河（澳大利亚）
9 湄公河（越南）
10 长江（中国）

位于印度尼西亚，流域内有500万人口的芝塔龙河，被许多专家认为是世界上污染最严重的河流之一。工业垃圾、农业化学废物，以及其他污染源造成了这条河流现在的高污染。

有机污染物被排放入水中的情况

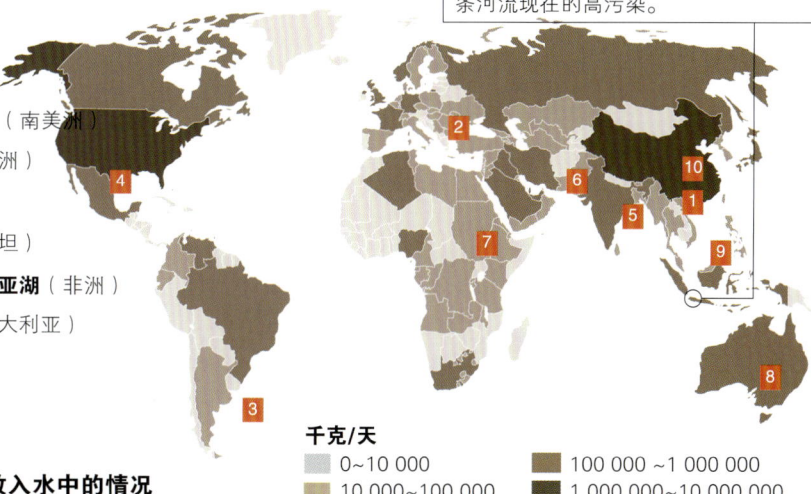

千克/天
0~10 000
10 000~100 000
100 000 ~1 000 000
1 000 000~10 000 000

水坝与水库

人 类利用河水进行灌溉，或作为能源用于其他不同的劳作已经有几千年的历史了，但是在过去的50年中，大型水坝一直在成倍地增加。虽然这些纪念碑式的工程提供了不可否认的、众所周知的好处，但是也改变了周围的环境。水坝不仅会对环境产生巨大的影响，常常还会迫使大量的居民甚至整座城市迁移。被迫迁移的人们必须处理举家搬迁的困难；正是由于这个原因，除个别例外，近年来较大型水坝的建设已经有所放缓。●

不仅仅是一堵墙

一般来说，修建大型水坝主要有三个原因：防洪、灌溉、发电。然而，相对于大坝对周围环境的影响，越来越多的人对它的真正益处提出了异议。另一个需要考虑的问题是，如何共享大坝带来的好处，因为在一个社会中利益分配往往是极不均衡的。

什么是大型水坝？
根据大型水坝国际委员会（ICOLD）的规定，从地基处测量起，大型水坝的最低高度是15米。如果一个水坝的高度在10~15米，但储水量可达到300万立方米，也被划分为大型水坝。

巨型水坝
全世界巨型水坝的75%集中在美国、中国、印度和日本。

水坝的影响

下游

✗ 减少水流量
中断江河的自然循环并改变其流量，会对下游的生态系统造成影响。

✓ 防洪
水坝解决了一些江河下游洪水泛滥的相关问题。

✗ 侵蚀
由于河流中的水流量变小，导致其携带的泥沙量相应减少，从而侵蚀能力也随之增强。

✓ 灌溉
水坝有助于灌溉，并确保水流常年稳定。

40%

世界上共有2.71亿公顷需要灌溉的农田，这是需要水坝灌溉的农田所占的比例。

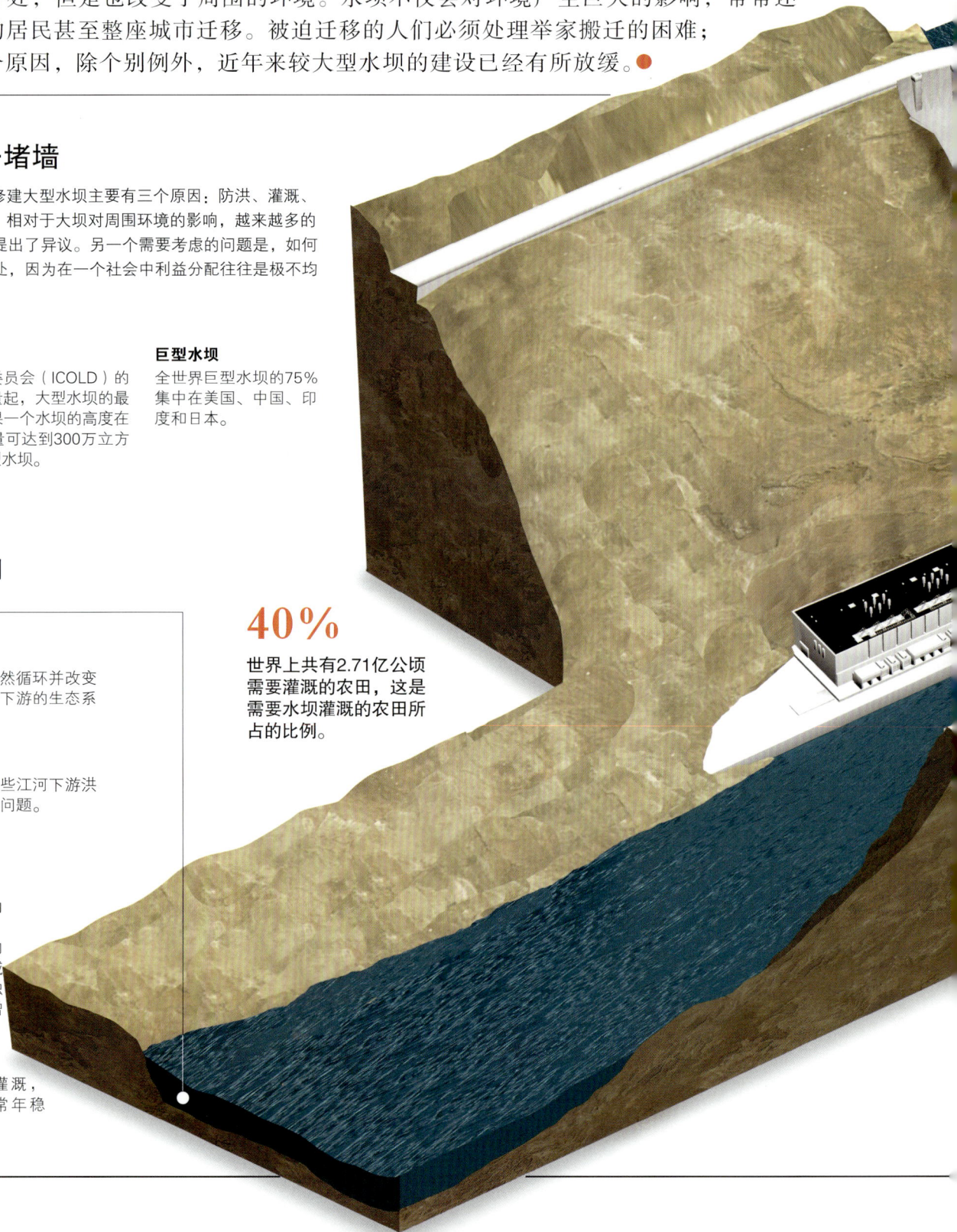

45 000

这是世界现有的大型水坝的数量。

上游

❌ **改变周围环境**
大坝周围景观完全改变了，新出现的大湖泊代替了原来仅有的河流。

❌ **破坏陆地生态系统**
在水库中蓄水破坏了此处原有的生态系统。尽管在水库蓄水之前，人们已经采取了拯救物种的行动，但这些努力往往更像是公关行为，而没有真正对环境产生积极的影响。

❌ **破坏河流生态系统**
河流被分割，许多物种的迁移活动受到干扰，生态平衡发生显著变化。

❌ **湿度和温度**
大湖泊的出现，改变了这一区域的湿度和温度。

❌ **迁移**
随着水库蓄水水位的升高，整座整座的城市将被淹没。据统计，全球大概有4 000万~8 000万人因为修建水坝而不得不离开家园。

❌ **疾病**
在修建大型水库的地区，可能会出现公共健康问题。随着新的气候特点和大片水域的出现，新的疾病可能会随之产生。

185米

这是中国三峡大坝的高度，它是世界上最高的大坝，其长度为2 309米。

混凝土拱坝

✅ **水力发电站**
水电是一种清洁的并且可再生的能源，目前世界上将近20%的电力来自水电大坝。

✅ **鱼梯**
一些水坝建有特殊的系统，可以使鱼类绕过大坝产生的障碍，洄游到上游。

✅ **旅游**
由于许多大坝具有纪念碑式的特性，使其成为旅游景点。

濒临消失的咸海

大坝对环境影响最恶名昭著的案例之一就是咸海。咸海中曾经有24种鱼类，支撑着周围约1万名渔民的生活。现在，咸海的覆盖区域减少了60%，水体量下降了近80%。这改变了湖水的盐浓度，使其中的鱼类死亡，并造成了水污染。

咸海的死刑判决始于20世纪60年代，当时苏联政府决定在哈萨克沙漠中建一个棉花中心。为了建这个棉花中心，他们在锡尔河和阿姆河上修建了水坝，同时也修建了一系列的运河用来灌溉棉田，而这两条河正是咸海的水源。

越大的水坝，越大的影响

中国已经建成了世界上最大的水坝——三峡水电站。位于长江上的该大坝的建设，淹没了一系列城镇和数百个村庄以及630平方千米的土地。该工程对环境的影响目前还难以估量。

原油泄漏

在可能导致灾难性环境问题的人类活动中，原油泄漏是最严重、发生最频繁的。处理漏油事件最有效的办法，就是遵循预先设定的清理计划，迅速采取行动。当然，处理漏油事件的手段并不是单一的，选择哪一种方法要根据事件发生地的环境类型、潮汐和风向等不同因素而定。●

漏油事件之战

解决原油泄漏问题既可以采用化学方法，也可以采用物理方法，但两者各有利弊。除此之外，还有一系列的生物方法。虽然这些方法存在着很大的局限性，但它们都在不断完善和发展。

1 **空中跟踪**

空中观察和卫星侦察是分析具体状况的基本手段（即通过观察风向、水流等各种因素，预测泄漏事件的进展情况）。

通过空中观察，可以初步评估出水面浮油的厚度和原油泄漏的严重程度。

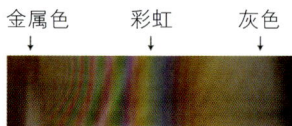

金属色　彩虹　灰色

漏油成分	外观情况	近似厚度	近似体量
光泽层	银色	>0.0001毫米	0.1米³/千米²
光泽层	彩虹色	>0.0003毫米	0.3米³/千米²
原油和燃料油	褐色或黑色	>0.1毫米	100米³/千米²
水乳剂	褐色/橙色	>1毫米	1 000米³/千米²

2 **消油剂**

在对抗原油泄漏的战斗中，化学溢油分散剂可从飞机、直升机或船只上撒入海中，用来化解原油。但是消油剂的使用存在很大争议，因为一些研究人员认为，尽管最新研制的消油剂对环境的影响已经相对缓和，但它们仍比石油本身更具有污染性。

消油剂如何发挥作用

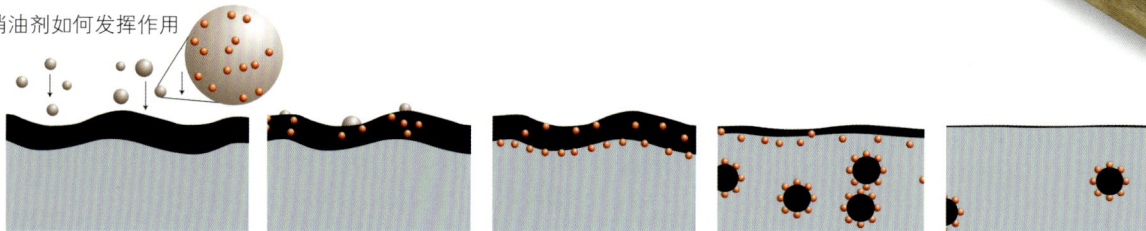

1 将消油剂喷洒在泄漏的原油上。消油剂中含有溶剂和表面活性剂（能在水和油的接触面发生作用）。

2 溶剂可以使表面活性剂进入到油层内部。

3 表面活性剂分子开始转移并减少油层表面的张力。

4 石油的液滴从油层中分离出来。

5 液滴逐渐消散，最后只在水面上留下一个光泽层。

石油占世界能源总消耗量的百分比为

35%。

③ 净化海岸线

高科技设备并不是十分必要的，成功解决问题主要依靠良好的组织水平和联合作业的有效计划。

被油浸泡过的砂块可以轻易去除。

除手工技术外，可以用压力清洗机来冲刷岩石。

④ 物理方法

油污控制浮栏（拦油栅）

石油在海洋上自由漂浮能迅速蔓延，拦油栅可有助于控制这种情况，并将漂浮的石油集中在一起以便于迅速清除。

油泵和抽吸设备

油泵和抽吸设备可以将被拦油栅圈控、集中在一起的石油移走，但是风和洋流会阻碍这一进程。当洋流超过0.35米/秒时，拦油栅的控油工作就会变得非常困难。

油泵也可以用来消除沉船内的石油，这个操作由专门的遥控设备来进行。

拦油栅

自然灾害

原油泄漏的主要受害者是泄漏区域的动物和植物。泄漏的石油经常会被冲上岸，毁坏陆地上的生命。它留下的永久性的伤害可以毁掉当地的收入来源，如旅游业。

海洋鸟类

石油不但会破坏企鹅身体外面的隔离层，导致它们死于寒冷，而且还会使飞鸟丧失飞翔能力。此外，鸟类还会因为试图清理身上的石油而中毒。

鱼类

鱼类由于吃了被石油污染的猎物而中毒。石油还会杀死它们的卵，或使幼鱼出现身体缺陷。

双壳类软体动物

石油层能导致它们窒息而死。附着在岩石上生活的软体动物所受到的影响最大。

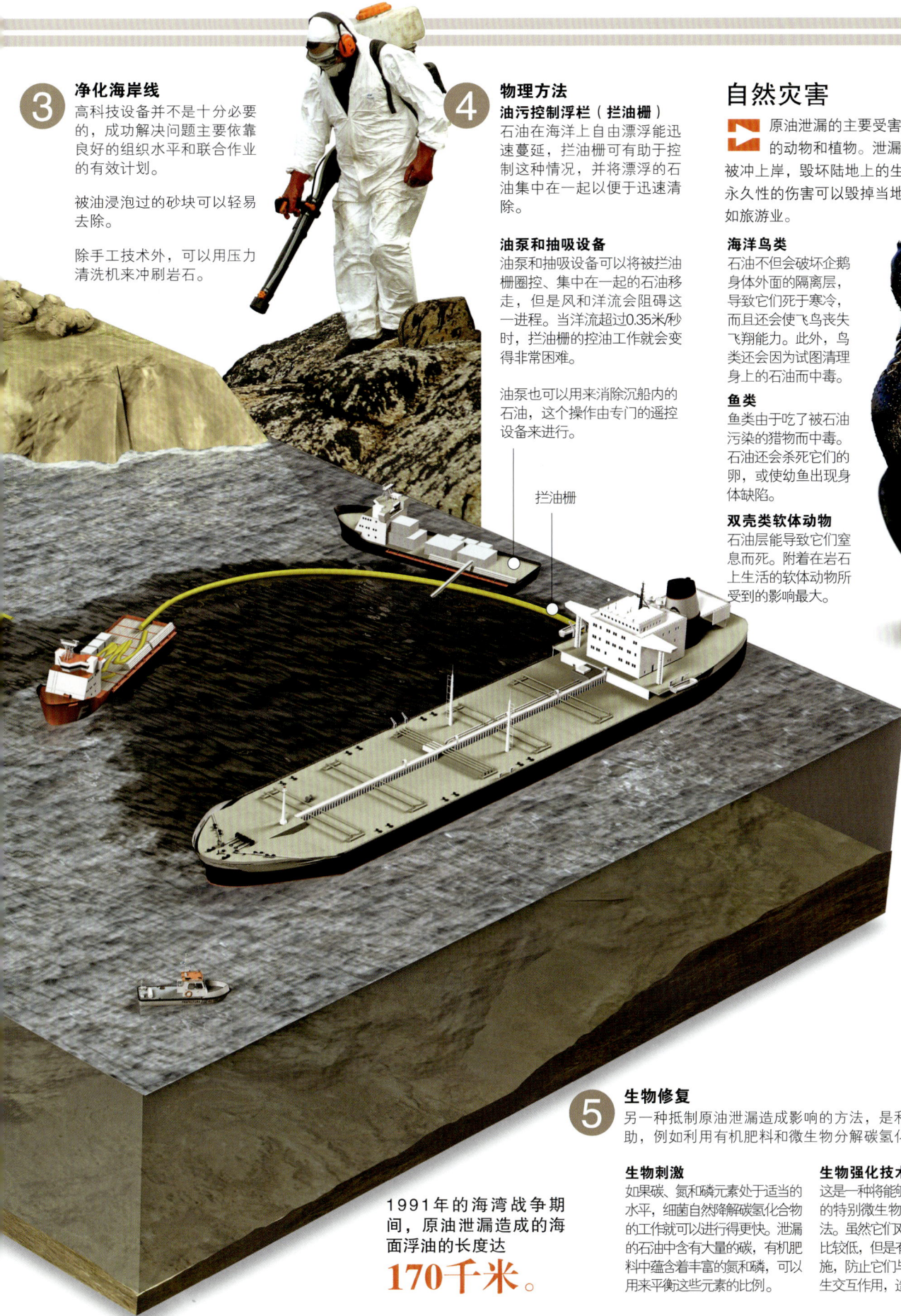

15%

仅用物理围堵手段来处理一场大的原油泄漏事件，只能挽回15%的泄漏原油。

⑤ 生物修复

另一种抵制原油泄漏造成影响的方法，是利用生物介质辅助，例如利用有机肥料和微生物分解碳氢化合物。

生物刺激

如果碳、氮和磷元素处于适当的水平，细菌自然降解碳氢化合物的工作就可以进行得更快。泄漏的石油中含有大量的碳，有机肥料中蕴含着丰富的氮和磷，可以用来平衡这些元素的比例。

生物强化技术

这是一种将能够分解碳氢化合物的特别微生物撒入石油中的方法。虽然它们对环境的影响通常比较低，但是有必要采取预防措施，防止它们与当地的有机物发生交互作用，造成负面影响。

1991年的海湾战争期间，原油泄漏造成的海面浮油的长度达

170千米。

埃克森·瓦尔迪兹号油轮泄漏事件

统计显示，从原油泄漏的数量上看，1989年发生的埃克森·瓦尔迪兹号油轮事件并不是历史上最严重的灾难。不过，它的后果却是灾难性的，它使阿拉斯加天堂海岸的中部成为世界的焦点。埃克森·瓦尔迪兹号油轮泄漏事件被认为是美国历史上最严重的漏油事件，直到今天，那里的野生生物还没有完全恢复，而且对这次事件的损害程度的评估仍然存在着争议。

灾难详情

1989年3月24日0时5分，载有126万桶原油的埃克森·瓦尔迪兹号油轮撞上了布莱暗礁并搁浅。自它离开港口后，一直试图避开冰山而谨慎行驶，然而灾难仍未能避免。其船体破裂，造成石油泄漏。就其后果来说，这是历史上最严重的石油泄漏事件之一。

决定命运的航线
埃克森·瓦尔迪兹号试图躲避正常航线上的冰区，但由于某些至今也无法确定的原因，船偏离了航线并撞上了礁石。

谁的责任
虽然一直没有明确认定这起意外事故的原因，但以下各方却是最经常被提到的：

油轮上的三副。可能是超负荷的工作使他过于疲劳，导致其操作失当。

船长。他没有切实履行自身职责，因为他被怀疑事发时醉酒。

埃克森船舶公司。它没有给埃克森·瓦尔迪兹号油轮提供合适的船员。

该油轮的导航系统。缺少足够的装备和训练。

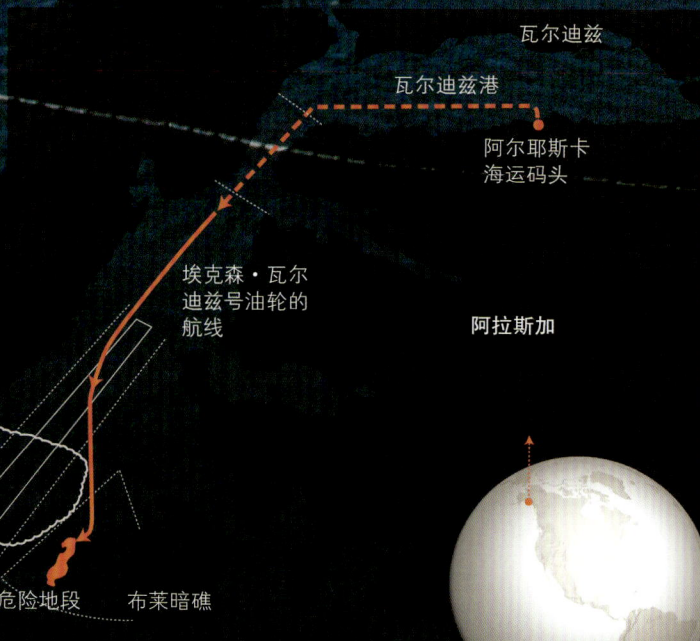

被漏油覆盖的海岸线的长度达

2 000千米。

瓦尔迪兹

瓦尔迪兹港

阿尔耶斯卡海运码头

埃克森·瓦尔迪兹号油轮的航线

阿拉斯加

哥伦比亚湾

估算的冰川延伸程度

油轮运输航线

危险地段   布莱暗礁

事发地点

威廉王子湾是美国最恬静的海湾之一，它将楚加奇国家森林公园的大部分容纳进来。每年夏天都会有成千上万的游客来楚加奇国家森林公园观看野生动物，享受公园最独特的美。

出事油轮

埃克森·瓦尔迪兹号油轮1986年下水，在当时，它是美国西海岸制造的最大的船。

高度：16.8米，从龙骨到甲板

长：300.8米　　宽：50.6米

货运能力：148万桶

损害程度

驾驶台和机房：完好

左舷仓：未受损

第5中央油箱：轻微损坏

第4右舷仓：轻微损坏

船头舱：严重受损

第1~4中央仓：受损严重

第1、2、3、5右舷仓：受损严重

	5p	4p	3p	2p	1p
	5	4	3	2	1
	5s	4s	3s	2s	1s

事故发生后的前8个小时漏油情况最严重。仅前半个小时，就有大约115 000桶原油从埃克森·瓦尔迪兹号油轮流入海洋。到当天早晨6时，已经泄漏了近814立方米原油。总共损失260 000桶原油。

对抗泄漏

在4个夏季，大约有11 000人、1 000艘船舶和100架飞机，采用了多种方法进行工作，以尽量减少埃克森·瓦尔迪兹号油轮泄漏的影响。

在洋面上
● 围油栏
● 受控燃烧
● 抽吸泵
● 消散剂

在岸上
● 生物修复
● 化学清洗
● 加压水冲洗
● 手工清洗

影响

埃克森·瓦尔迪兹号油轮事件对环境灾难性的影响是无法估算的，这是一个充满争议、很难终止的话题。

大约25万只海洋鸟类和2 800只海獭是这场灾难最主要的受害者。其他受到影响的动物还有海豹、细鳞大麻哈鱼、逆戟鲸和白头雕，以及许多无脊椎动物和小动物。

海獭
（ Enhydra lutris ）

最严重的泄漏

以下是众多已发生的石油泄漏事件中最严重的几次。

1979年	伊斯托克1号油井爆炸事件	墨西哥	50万吨
1978年	阿莫科·卡迪兹号油船	法国	22万吨
1979年	大西洋皇后号油轮	多巴哥	16万吨
1967年	托利峡谷号油轮	英国	11.9万吨
1972年	海星号	阿曼	11.5万吨
1993年	布雷尔号油轮	英国	8.5万吨
1978年	海洋皇后号油轮	英国	7.2万吨
2002年	威望号油轮	西班牙	6.8万吨
1989年	埃克森·瓦尔迪兹号油轮	阿拉斯加	3.88万吨

35亿美元

埃克森美孚公司不得不支付35亿美元，用于埃克森·瓦尔迪兹号油轮泄漏的罚款、赔偿、清理工作，以及相关的环境研究费用。

这一地区的居民是该场悲剧的其他受害者，他们必须调整自己的生活和生计。

2007年的研究报告估算，仍有大约630桶原油散落在威廉王子湾各处，这部分残留石油每年的分解率只有4%。

核污染

为了发展核能发电，世界各地建起了许多核反应堆。核能显然是一种清洁、高效且取之不尽的能源，然而，这种能源也带来了许多挑战。剧毒核废料的处理，以及可能产生大规模严重后果的核事故风险，将是人类需要解决的重大问题。●

核废料

核反应堆、核武器加工、铀矿，甚至核医疗材料都会产生剧毒废料，如何处理这些废料是一个关键问题。

一些核反应堆的废料可以经过再加工，作为核燃料再次利用。然而，这一过程中产生的废料具有很强的放射性。

过去的几十年里一直使用池塘或临时性水池处理核废料，然而将其储存在地下被认为是更好的选择。无论怎样，处理核废料需要将其保存不变数千年，并且与土地、水和空气完全隔绝。

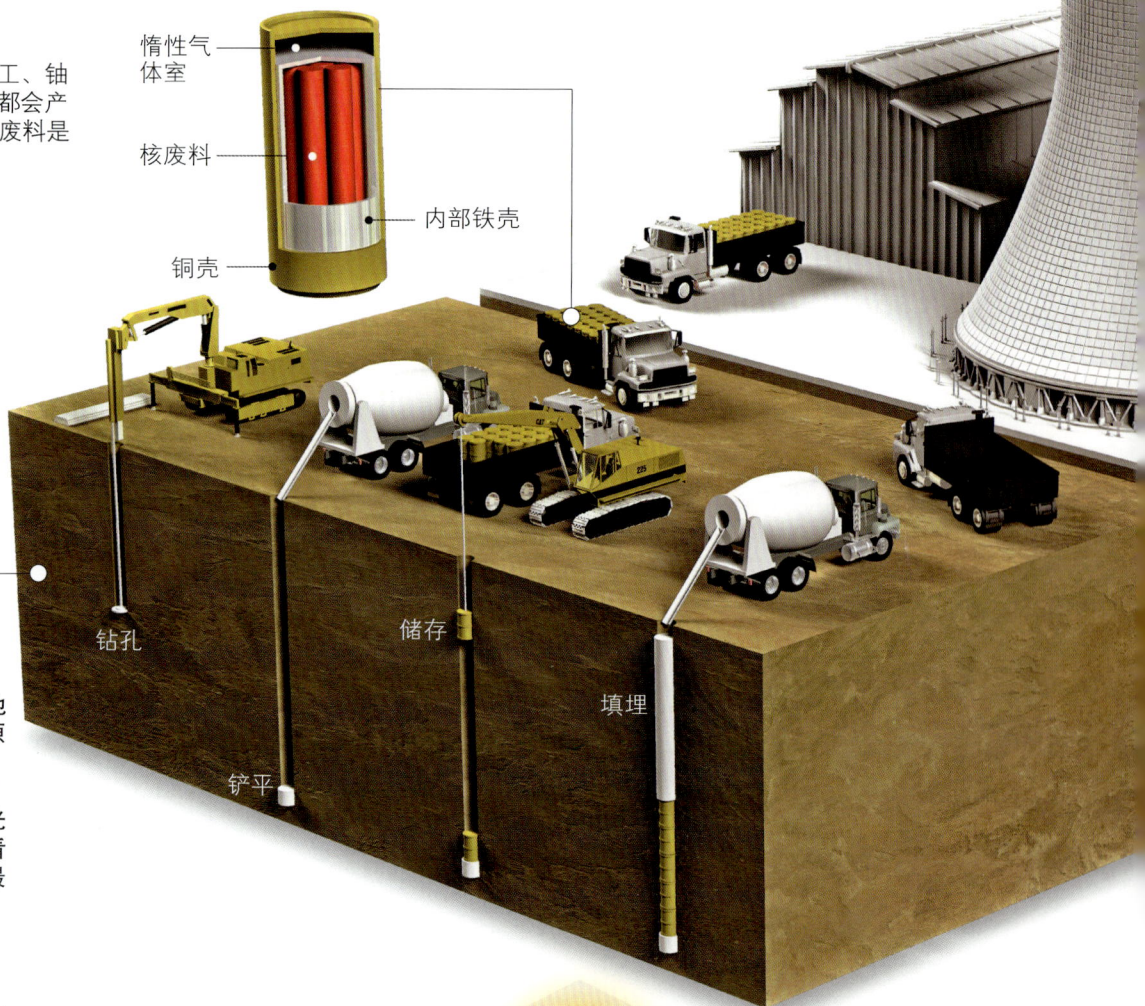

惰性气体室

核废料

内部铁壳

铜壳

钻孔

铲平

储存

填埋

64千米

这是1961年苏联在北极地区进行核试验时，产生的原子云所达到的高度。当时，那个被称为"沙皇的炸弹"的原子弹在爆炸时产生的光亮，1 000千米以外都可以看到，这是有史以来进行的最大规模的核试验。

有害的试验

进入核时代以来，已有近2 000个核装置被人类引爆，主要是为了科学测试或展示实力。

核试验的类型

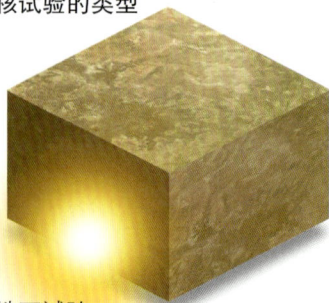

地下试验

水下试验

高空平流层试验

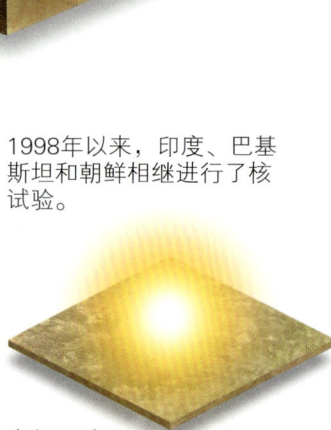

大气层试验

1998年以来，印度、巴基斯坦和朝鲜相继进行了核试验。

切尔诺贝利

1986年4月26日早晨，世界突然意识到，核事故发生的可能性变成了现实。位于苏联切尔诺贝利（今乌克兰的一部分）的核电站泄漏的大量放射性物质，蔓延了数千平方千米。

500

这是切尔诺贝利核事故释放的放射性物质比1945年广岛原子弹爆炸释放的放射性物质高出的倍数。

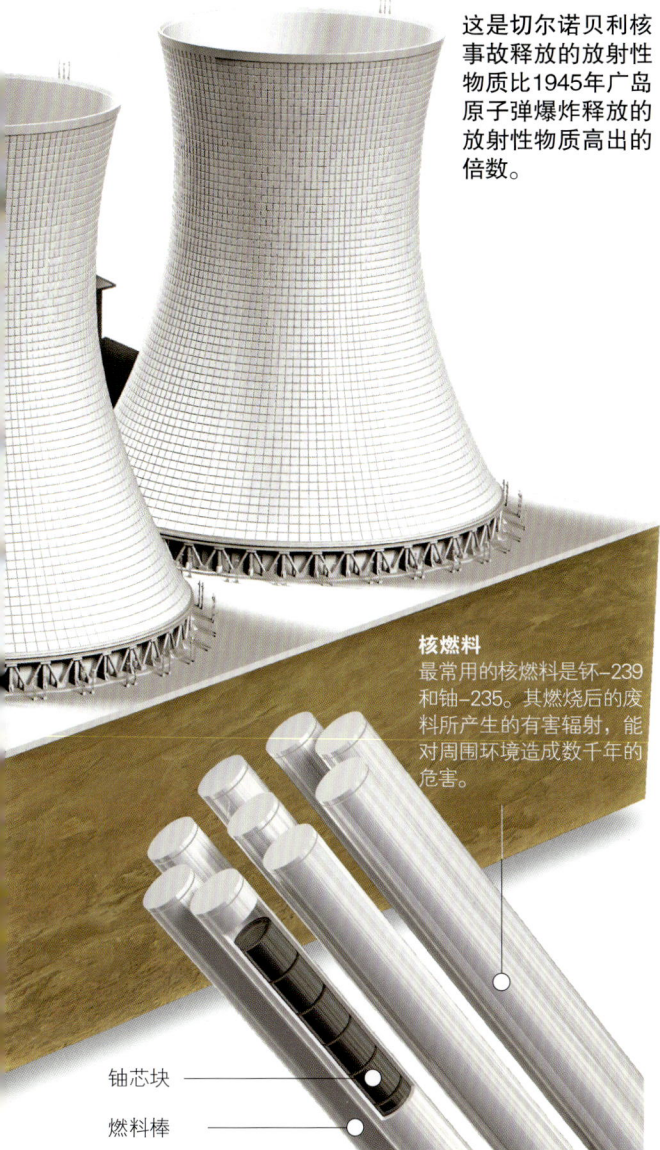

核燃料

最常用的核燃料是钚–239和铀–235。其燃烧后的废料所产生的有害辐射，能对周围环境造成数千年的危害。

铀芯块

燃料棒

事故原因

当技术人员在特定条件下进行试验时，核反应堆突然发生爆炸并起火。为了进行这个试验，他们降低了安全系数，结果这个操作导致了事故的发生。

事故发生后，苏联政府并没有立即向世界通报，而是两天以后由瑞典首先监测到了。这种通报行为本来可以使数千人免受辐射伤害。

后果

这起事故直接导致31人死亡。

大约13.5万人被疏散转移。

已经不可能准确查出到底有多少人受到了辐射的影响。关于受影响的确切人数，一直是人们激烈争论的焦点，而且观点大相径庭。有人认为只有少数人受到了影响，有人则认为受影响的人数多达几万。

泄漏同位素

以下是最重要的几类，图表显示了每种同位素的衰变率。

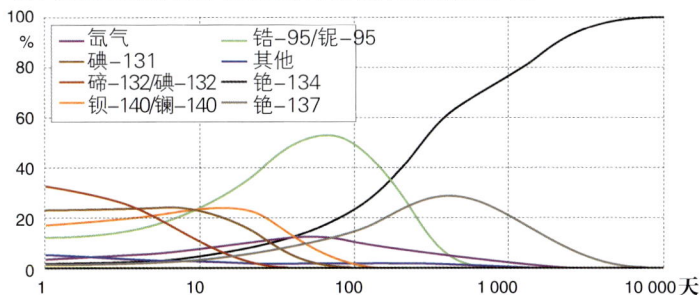

图例：
- 氙气
- 碘–131
- 碲–132/碘–132
- 钡–140/镧–140
- 锆–95/铌–95
- 其他
- 铯–134
- 铯–137

（纵轴：% 0 20 40 60 80 100；横轴：1 10 100 1 000 10 000天）

受影响地区

在这次事故泄漏的各种放射性同位素中，铯–137通常被用来测量和标示污染地区受污染程度。受影响最大的国家是乌克兰（其国土面积的7%）和白俄罗斯（其国土面积的22%，大约220万人）。放射性云雾还飘到了斯堪的纳维亚、波兰、波罗的海沿岸国家、德国南部、瑞士、法国北部和英格兰。

铯–137的含量

1986年5月10日，单位：千贝克勒尔(10贝克)/米²

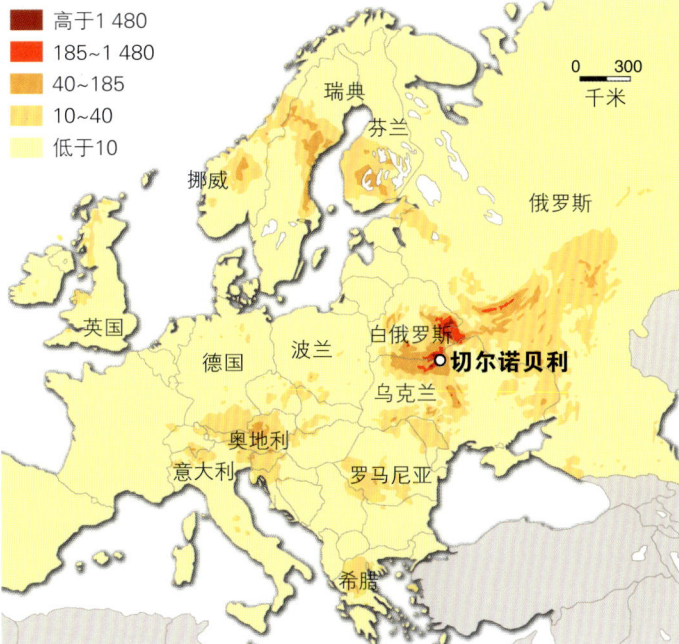

- 高于1 480
- 185~1 480
- 40~185
- 10~40
- 低于10

（地图标注：瑞典、芬兰、挪威、俄罗斯、英国、德国、波兰、白俄罗斯、切尔诺贝利、乌克兰、奥地利、意大利、罗马尼亚、希腊）

0 300 千米

事故规模

国际核事件分级表（INES）的设立是为了便于交流信息，同时有助于快速确定一个事件的严重性。它共分7个等级。1~3级被称为"事件"，"事件"的规模一般不会对当地居民和环境造成重大影响；4~7级被称为"事故"。切尔诺贝利事故被划分为第7级。

等级	描述
7	重大事故
6	严重事故
5	具有广泛影响的事故
4	当地受影响的事故
3	严重事件
2	事件
1	异常
0	偏差（无安全性含义）

科技废料

数十年前的一种理论认为，计算机的处理能力大约每两年就会增加一倍，到今天为止，仍然如此。这意味着，每隔几年，就会有数百万台电脑变得相对陈旧。这些设备被扔掉时会出现什么情况呢？此外，每年被替换掉的成千上万的电视机、移动电话、冰箱和洗衣机，又将如何处理？它们中的绝大多数没有经过任何处理，就被埋在了垃圾填埋区，其零件所含的化合物不仅释放出有毒的物质，而且需要数千年的时间才能被大自然消化掉。为回收有价值的部件，它们中的一部分（非常小的一部分）会被处理，而且所采取的方式并不总是很环保。●

被遗忘的有毒材料

■ 虽然一台电脑或一件电器看起来对生态没有任何影响，但一旦被丢弃，它就会制造出问题，因为它的组件中含有许多有毒的材料，能够污染环境。

电气的还是电子的？
根据其特点，科技废料往往被划分为电气废料和电子废料两种。下面这个图表说明了不同类型废料的主要来源。荧光灯管、玩具和医疗设备等没有被列入其中。

显示器	电视机	计算机、电话机、传真机、打印机等	影碟放映机、音响设备等	冰箱和冰柜	其他电气设备
10%	10%	15%	15%	20%	30%
电子废料				电气废料	

电脑……有毒
一台电脑的组件中，一半以上的材料含有铁金属和塑料。

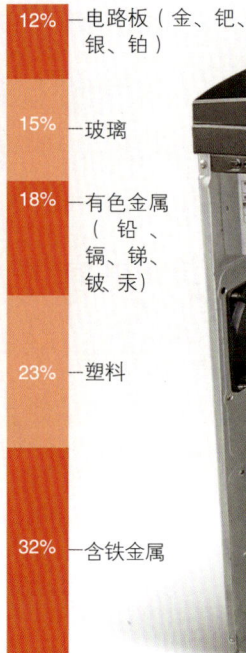

- 12% — 电路板（金、钯、银、铂）
- 15% — 玻璃
- 18% — 有色金属（铅、镉、锑、铍、汞）
- 23% — 塑料
- 32% — 含铁金属

97%
这是一台普通计算机的可回收部分所占的比例。

阴极射线管（CRT）
它含有铅。铅是一种高毒性元素，很难从人体中消除。较旧的型号中还含有砷，也是有毒的。

屏幕
旧的阴极射线管显示器屏幕含有磷和铅，此外还含有钡，用以保护使用者免受阴极射线辐射。

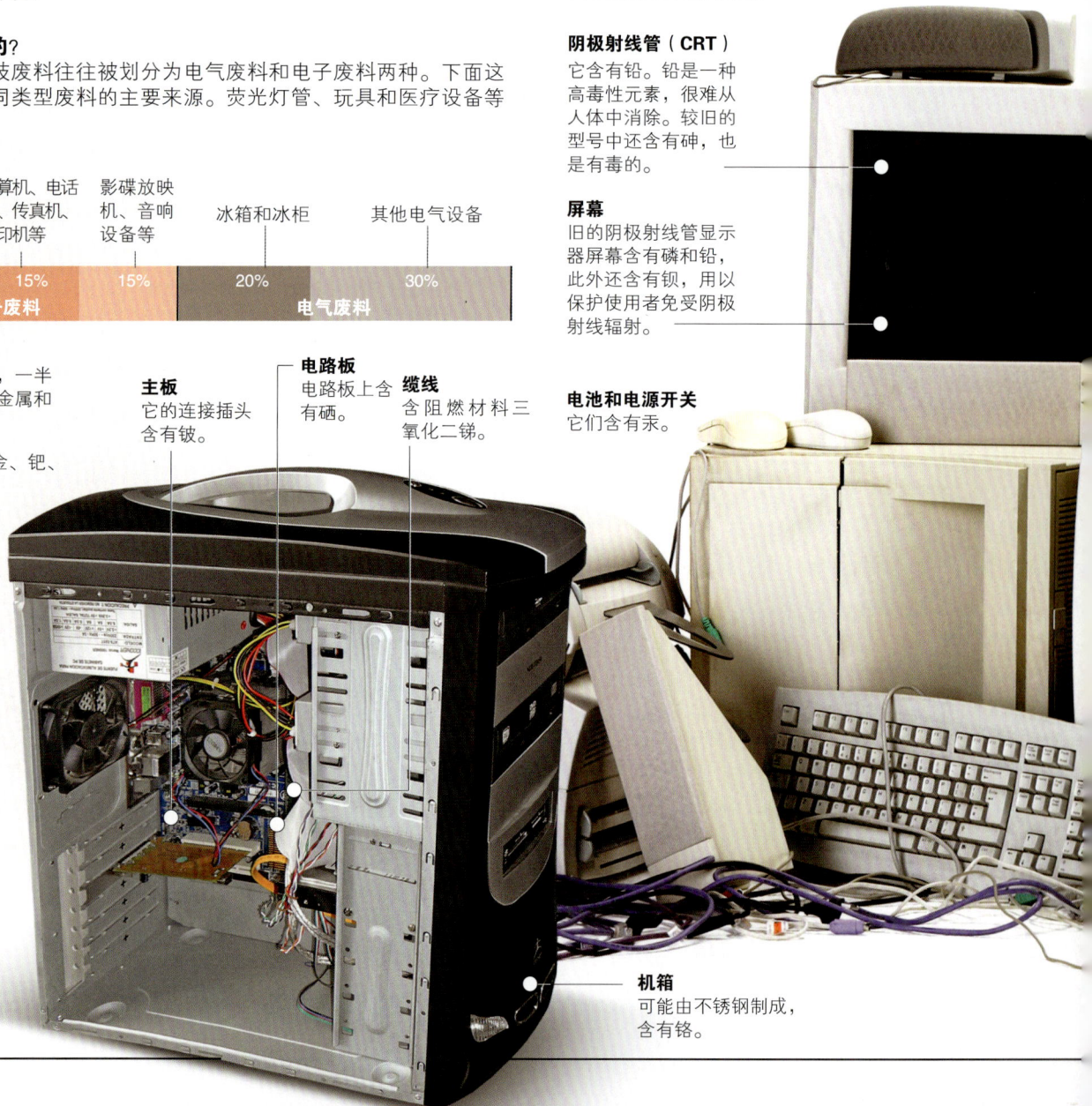

电池和电源开关
它们含有汞。

主板
它的连接插头含有铍。

电路板
电路板上含有硒。

缆线
含阻燃材料三氧化二锑。

机箱
可能由不锈钢制成，含有铬。

隐藏的杀手

▶ 不同的组件会对人体产生不同类型的损害，如本图所示。

材料	先天缺陷	智力缺陷	对心、肝、肺、脾的损害	肾损害	神经或生殖系统损害	骨损伤
钡		×	×			
镉	×		×	×	×	×
铅	×	×	×	×	×	
锂	×	×	×	×	×	
汞	×	×	×	×		
镍	×		×	×	×	
钯	×	×	×		×	
锗			×			
银	×	×	×	×	×	

在那些环保意识较弱，或根本不存在环保意识的欠发达国家，很大一部分由过时的电脑构成的电子垃圾被直接处理掉了。

4 500万吨

这是全世界每年扔掉的电器和电子垃圾的总重量。

键盘
由塑料制成，其中可能含有污染物如聚氯乙烯。

在太空中也一样

▶ 1957年，苏联发射了人类第一颗人造地球卫星"伴侣1号"。从那时起，一个名副其实的太空垃圾场在太空中建立起来，那里有废弃的航天器、报废的火箭、飞行器碎片和其他物体。

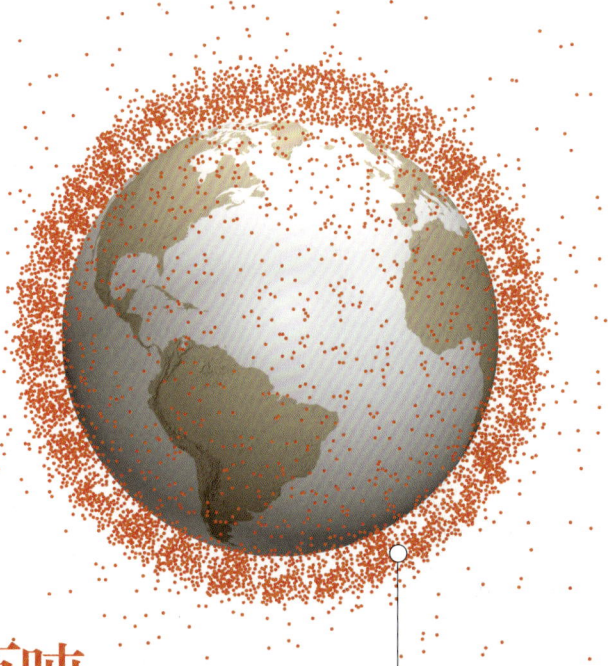

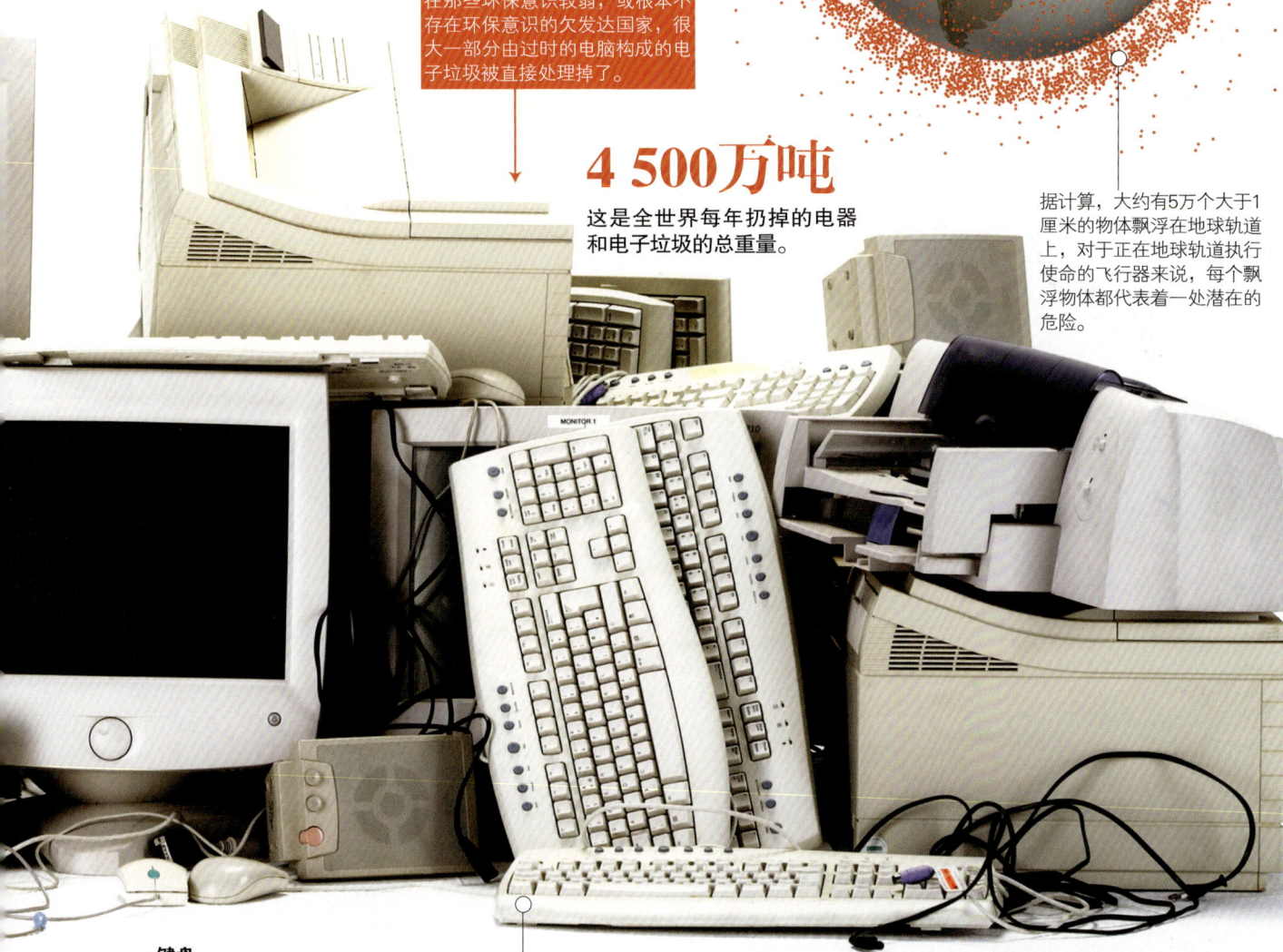

据计算，大约有5万个大于1厘米的物体飘浮在地球轨道上，对于正在地球轨道执行使命的飞行器来说，每个飘浮物体都代表着一处潜在的危险。

战争后遗症

在武装冲突中，人类并不是唯一的受害者。战争不仅可以长期改变生态系统，甚至能将其彻底破坏。典型的事例有：1945年，在日本的广岛和长崎投掷的原子弹；20世纪60年代，在越南使用含有脱叶剂橙剂的化学武器，毁坏了大片雨林；1991年，海湾战争期间的原油泄漏事件等。●

世界末日的蘑菇云

为了结束第二次世界大战中太平洋战场上的战争，展示其新式武器的威力，美国于1945年8月6日和9日，分别在日本的广岛和长崎投放了具有毁灭性力量的原子弹。来自这些武器的放射性尘埃将持续存在几千年。

"小男孩"
在广岛投放的原子弹，其核心是用铀−235制造的，它向周边环境释放了大量的放射性物质，这些放射性物质需要几千年时间才能衰减。

"胖子"
在长崎投放的原子弹，其核心使用的是放射性元素钚。下面是广岛被炸前后的对比照片。

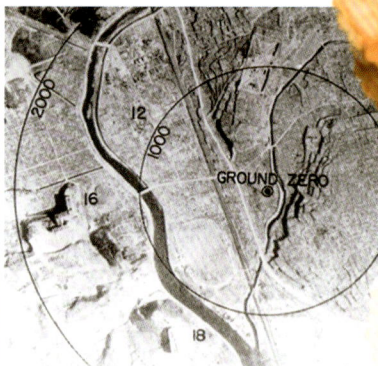

黑雨
爆炸发生半小时后，城市上空下起了雨。受放射性烟尘的影响，雨是黑色的，黑雨导致在随后的日子里损害更加严重。

长期后果
60年后，原子弹对环境造成的破坏程度仍然不可确知。

橙色的魔鬼

从1961年到1971年，美国向越南的雨林中投下大约7 700万升橙剂。这是一种除草剂，目的是为了除去敌人赖以藏身的茂密树叶。

橙剂衰变时会产生二噁英。人类接触二噁英会得癌症，或使染色体受损，导致孩子先天缺陷。

大约500万越南人和相当数量的美国军人受到了橙剂的影响。

1/5的越南雨林和1/3的红树沼泽在越战期间被毁坏。目前，森林已经有所恢复，但红树沼泽可能将永远无法修复。

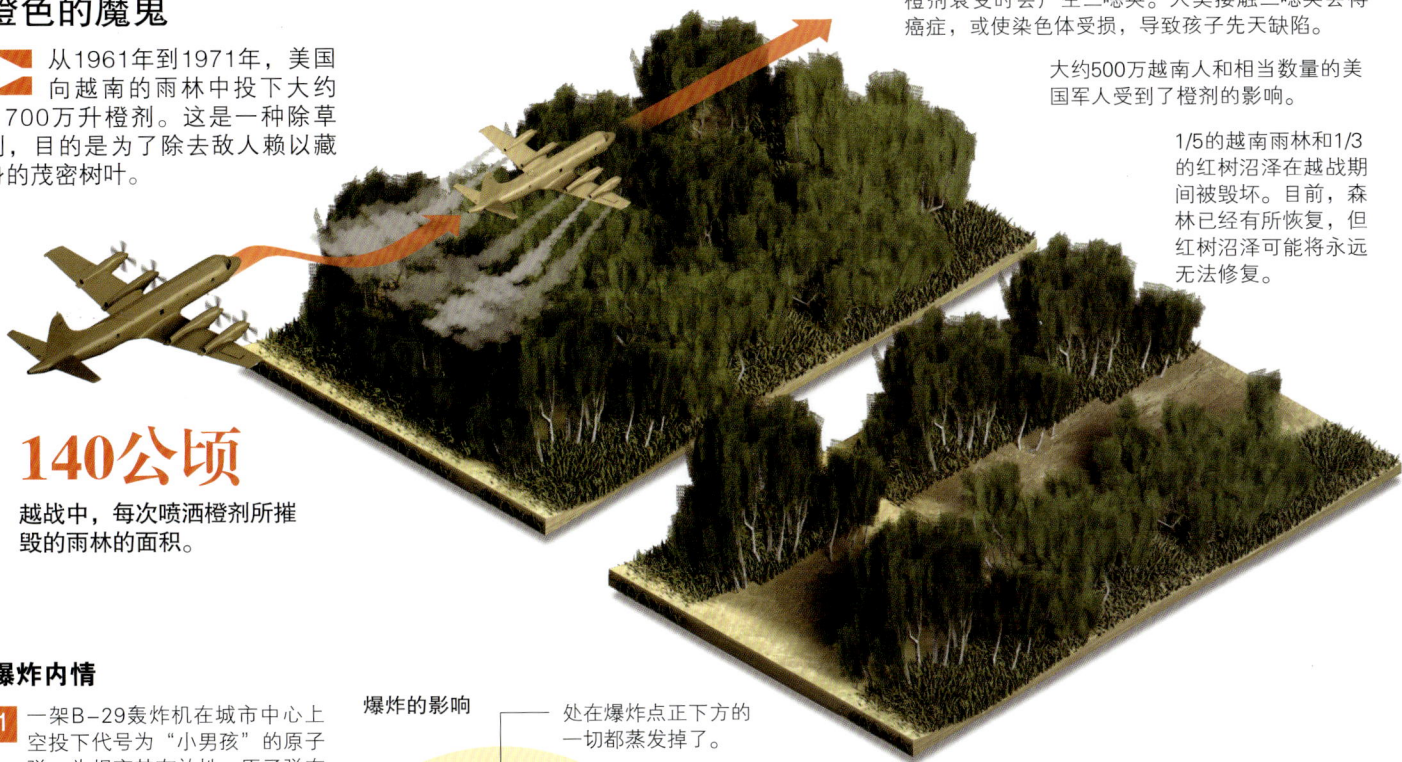

140公顷

越战中，每次喷洒橙剂所摧毁的雨林的面积。

爆炸内情

1 一架B-29轰炸机在城市中心上空投下代号为"小男孩"的原子弹，为提高其有效性，原子弹在离地面580米高度被引爆。

2 爆炸发生大约千分之十六秒后，产生了一个中心温度高达几百万开氏度的巨大火球，约8万人被直接蒸发。

3 在千分之六十秒的时间内，这个火球不断向四周扩大，将周边1.5千米内的一切生物化为焦炭。

4 爆炸后2秒钟，冲击波摧毁了距其中心2.5千米内的一切。火球开始上升，这时蘑菇云出现，最糟糕的破坏仅用了5秒钟的时间。

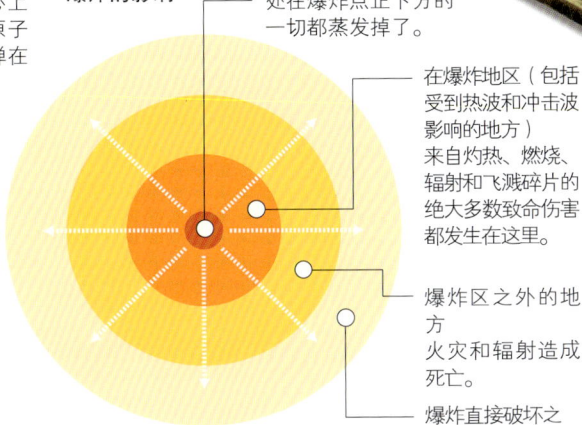

爆炸的影响

处在爆炸点正下方的一切都蒸发掉了。

在爆炸地区（包括受到热波和冲击波影响的地方）来自灼热、燃烧、辐射和飞溅碎片的绝大多数致命伤害都发生在这里。

爆炸区之外的地方火灾和辐射造成死亡。

爆炸直接破坏之外的地区，人们在长时间生病后慢慢地死去。

死亡率
距爆炸中心的距离

距离	死亡率
0~0.5千米	98.4%
0.6~1.0千米	90%
1.1~1.5千米	45.5%
1.6~2.0千米	22.6%

黑潮

历史上最大的石油泄漏事件发生在1991年海湾战争期间。当时，海面上形成了一片面积为170千米×70千米的浮油层，对伊拉克、科威特和沙特阿拉伯以及其他国家的沿海和海洋生物造成很大的影响，其影响程度目前尚未完全确定。

27

1991年海湾战争期间的石油泄漏量，是1989年埃克森·瓦尔迪兹号油轮泄漏事件石油泄漏量的27倍。

科威特 1990年

科威特 1991年

科威特海岸被石油和油井燃烧产生的烟雾熏黑了，这些烟最远飘到了印度。

乱砍滥伐森林

每 年，人类都要毁坏成千上万公顷森林。据统计，全世界大约有1/2的雨林已经变成了牧场、农田或沙漠。这是一个令人不安的状况，因为毁坏森林比攻击某些生态系统、致使特定物种消失的后果更为严重。事实上，这是一种会对整个地球造成严重后果的有害行为：乱砍滥伐会导致大洪水、土壤流失、增加大气中的温室气体，从而加剧全球变暖。●

缺少绿意的世界

▶ 地图上显示红色的地方，是已经遭受乱砍滥伐的地区。浅绿色代表森林地带；深绿色代表这一地区的森林正处于乱砍滥伐后的恢复阶段。这些森林通常是重新造林的产物，而这一措施有可能会对环境造成负面影响。

处于风暴中心的热带雨林

▶ 热带雨林，由于其生物多样性和在生物圈中的重要性，一直是讨论有关乱砍滥伐问题的最具有代表性的森林。亚马孙河流域的森林是世界上最大的森林，尾随其后的是非洲中部地区的森林，然而就在这里，每年有5万~12万平方千米的热带雨林正在消失。

▨	沙漠和退化的土地
▨	毁林地区
▨	现今的森林
▨	恢复中的森林

大和小

亚马孙河流域的大型畜牧业养殖是破坏热带雨林的主要因素（占60%），其次是当地居民为种植庄稼清除掉的林地（占30%）。合法或非法的伐木损失的林地仅占雨林总损失的3%左右。

历史

在1995年达到高峰之后，巴西政府采取措施减缓亚马孙地区的森林砍伐，监测是从7月到第二年7月。尽管逐年增加，然后逐年降低，但直到2007年情况似乎才有所改善。

亚马孙地区的毁林情况

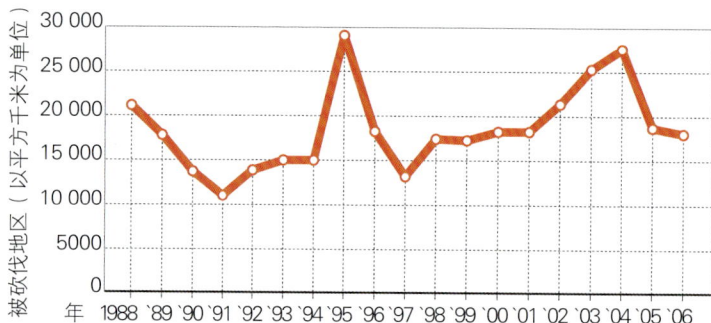

纵轴：被砍伐地区（以平方千米为单位）
0, 5000, 10 000, 15 000, 20 000, 25 000, 30 000

横轴：年 1988 `89 `90 `91 `92 `93 `94 `95 `96 `97 `98 `99 `00 `01 `02 `03 `04 `05 `06

750

这是每1公顷热带雨林中所能发现的树木物种的数量。

婆罗洲森林的终结?

从1950年起，婆罗洲岛（位于东南亚）热带雨林的消失面积开始呈逐年上升趋势，预计到2020年，这种状况将体现出危害的严重性。在婆罗洲，每10公顷森林中就有700种不同的树木，与整个北美洲全部的树木物种数量相同。

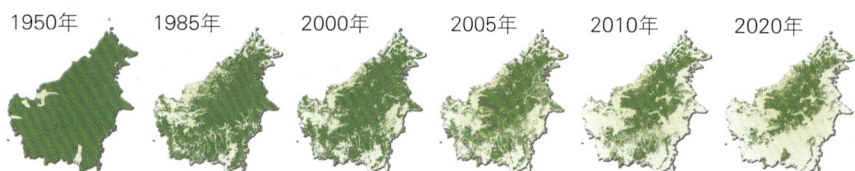

1950年　1985年　2000年　2005年　2010年　2020年

今天，我们通过卫星获得的图像对森林乱砍滥伐状况进行监测研究和分析。

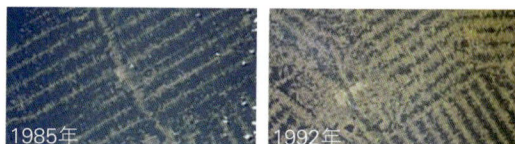

1985年　1992年

82%

这是迄今为止，亚马孙地区仍然完好的热带雨林所占的比例。但是，如果以目前的速度继续破坏，20年后，这里将只剩下40%的原始热带雨林。

后果

乱砍滥伐在几个方面有着非常消极的影响。

对生物物种多样性的破坏

当森林被破坏时，烧荒明火和推土机会清理掉许多生物物种。最悲观的研究报告声称，每年消失的植物和动物可多达50 000种，其中许多还未被科学界所知。

温室气体

陆地生态系统是一个大碳槽，也就是说它们存储碳。当生物在生态循环中被淘汰，会衰变并释放出二氧化碳，被大气层吸收。二氧化碳是一种温室气体，数量过多会加剧全球变暖。

洪水

树木是陆地吸水能力的重要保障。当树木被砍伐，这种保障就会缺失，土壤就会变得很容易饱和，进而导致洪水泛滥。

1 地面上的植物可以吸收雨水，一旦将它们移走或清除，雨水就会在地面上自由地流动，并带走沉积物，使土壤被侵蚀。

2 河流流量增大。没有树木保护的岸堤也会因侵蚀而毁坏。

3 河岸两边的建筑物会被损坏或完全被毁。

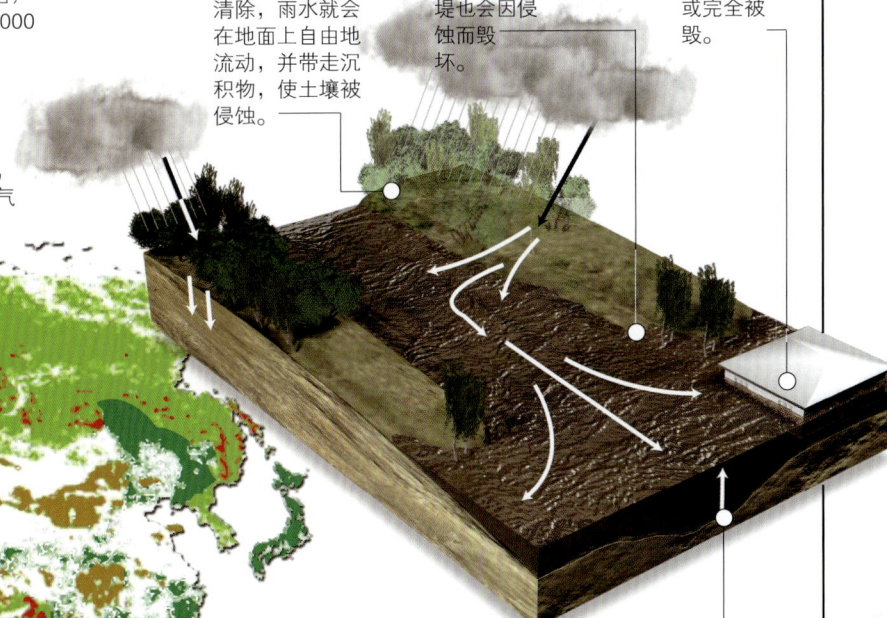

4 随着水位上涨，可能会导致洪水泛滥。

荒漠化和水土流失

森林中的土壤通常缺少养分，一旦树木被砍伐，土壤就很容易受到侵蚀。仅仅两三年后，这块土地就会变得贫瘠无力，既不能耕种也不能放牧。

失去生计

对那些以森林为经济基础的社群来说，失去森林意味着他们必须迁移或改变原有的生活方式。

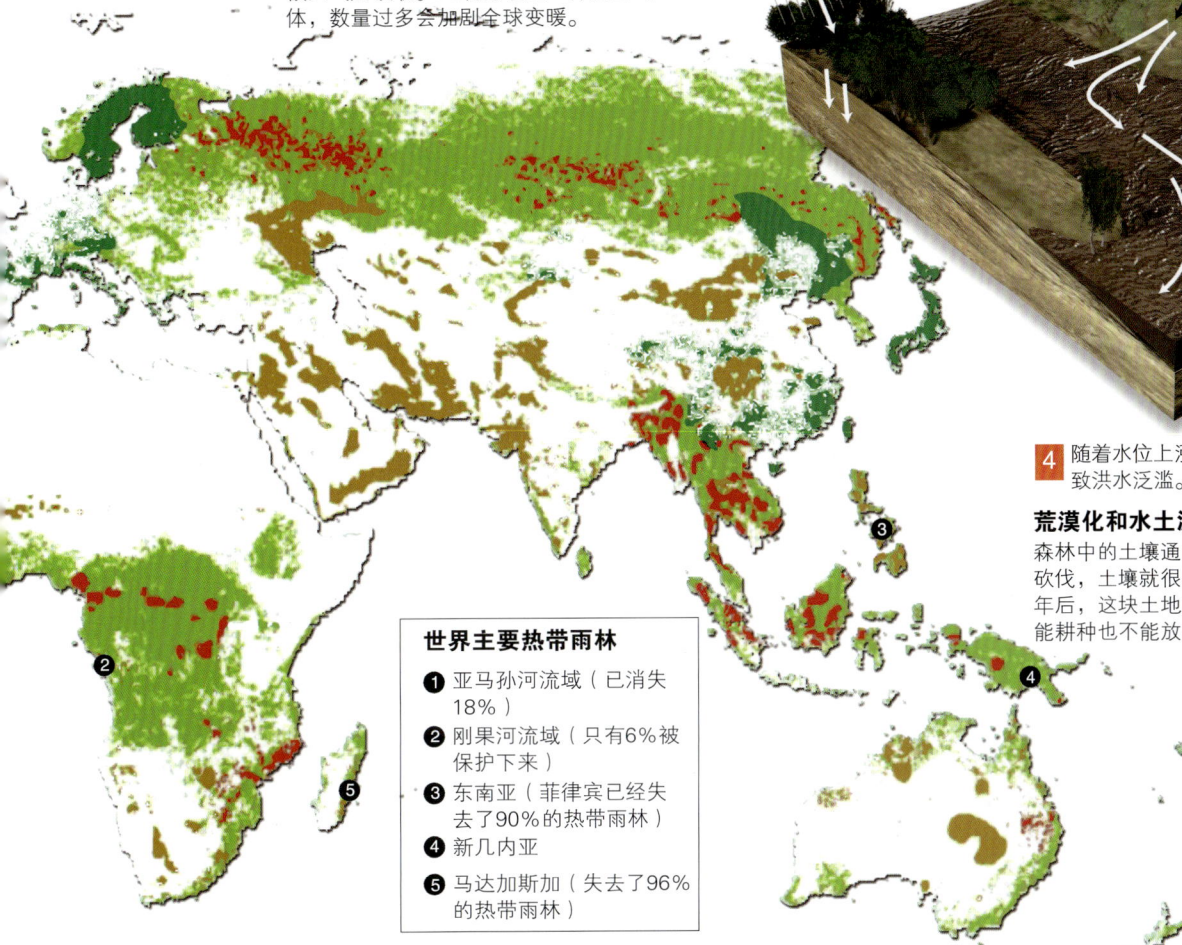

世界主要热带雨林

1 亚马孙河流域（已消失18%）

2 刚果河流域（只有6%被保护下来）

3 东南亚（菲律宾已经失去了90%的热带雨林）

4 新几内亚

5 马达加斯加（失去了96%的热带雨林）

休养生息

尽管森林的未来看起来比较黯淡，但在公众的要求下，各国政府正在采取各种措施保护环境。此外，尽管速度很慢，但是一些因遭到毁坏而被放弃的林区已经在恢复中。

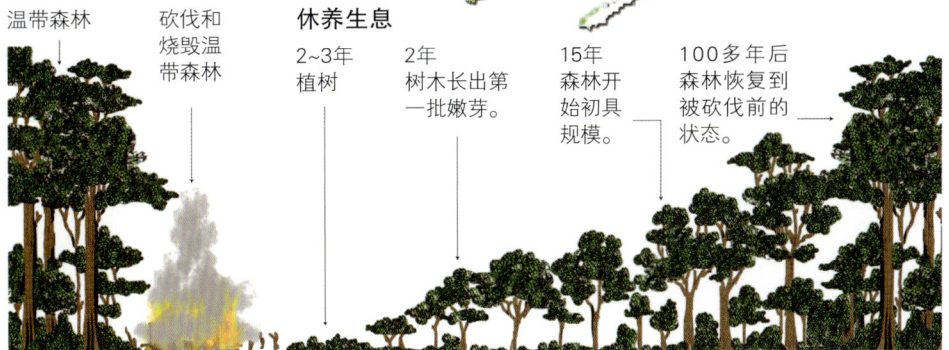

休养生息

温带森林

砍伐和烧毁温带森林

2~3年植树

2年树木长出第一批嫩芽。

15年森林开始初具规模。

100多年后森林恢复到被砍伐前的状态。

全球范围的变化

在 过去的一个世纪，地球的气候发生了变化。大多数的研究表明，目前有足够的证据证明，过去50年间地球温度的升高，在很大程度上是人类活动造成的。气候变暖已经成为威胁人类和其他物种良好生存环境的主要问题。在加勒比海上有一片世界闻名的珊瑚礁，由于人类的活

格陵兰岛

在格陵兰岛，冰川减退的速度令人震惊。有迹象表明，整个格陵兰岛上冰盖的融化速度可能比过去认为的要快得多。

动，它正处在消失的危险中，而气候变化将加快其消失。此外，与气候变暖相关的海平面的上升使大片沿海地区的重要生态系统处于危险之中。其他预期的变化还包括火灾发生率的提高和土地荒漠化的日益严重。●

气候变化（一）

有一件事是毋庸置疑的，这就是全球的平均气温正在逐年升高，而气温升高的后果也开始显现出来。此外，由于人类活动，温室气体在大气中的浓度达到了数千年未见的水平。今天的气候变化是人类的责任吗？人类活动是气候变化的唯一因素，还是人类活动对这些变化没有任何影响？知道了这些问题的答案，对决定采取哪些步骤来减缓全球变暖起着关键的作用。全球变暖很可能是人类历史上最严重的问题之一。●

地球为什么会变暖？

尽管有大量证据显示，人类活动对大气构成有着决定性的影响，但是目前还不能确定人类活动对气候变暖的影响到底有多大，或者说，人类活动是否是气候变暖的直接原因。在任何情况下，都需要考虑到其他因素。

轨道变化
地球的轨道并不是稳定不变的，它曾经波动过很长一段时间，这造成了严重的后果，如地球曾经经历的冰川时期（冰河时代）。然而，我们现在还不知道，这个波动是否会对目前的气候变化产生影响。

1906—2005年全球平均
气温升高了
0.5℃。

太阳活动
太阳是一颗恒星，通过较为活跃和不那么活跃的周期来完成自身循环，它的活动周期会对地球气候产生巨大的影响。但是，现在尚不清楚太阳活动对目前的气候变化产生了什么样的影响。

—— 每年的光照
—— 太阳黑子
—— 太阳辐射指数
—— 辐射通量

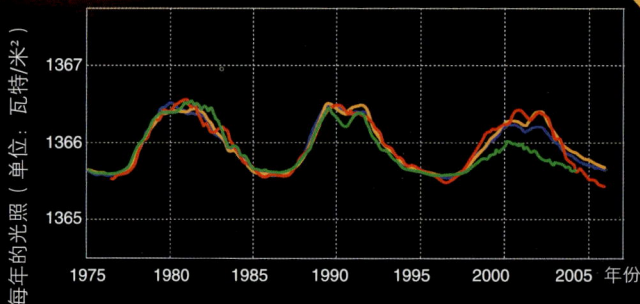

每年的光照（单位：瓦特/米²）

1367
1366
1365

1975 1980 1985 1990 1995 2000 2005 年份

12万年

这是上一个冰川期距今的时间，但是这一冰川期直到1万年前才结束。一些研究人员认为，目前的气候变暖与上个冰川期向温暖时代的转化有关。

反照率

冰的表面会将所接收的太阳光和能量的绝大部分反射回太空。随着冰面积的缩小，反照率相应减小，地球表面则吸收了更多的太阳能量，以致变暖。

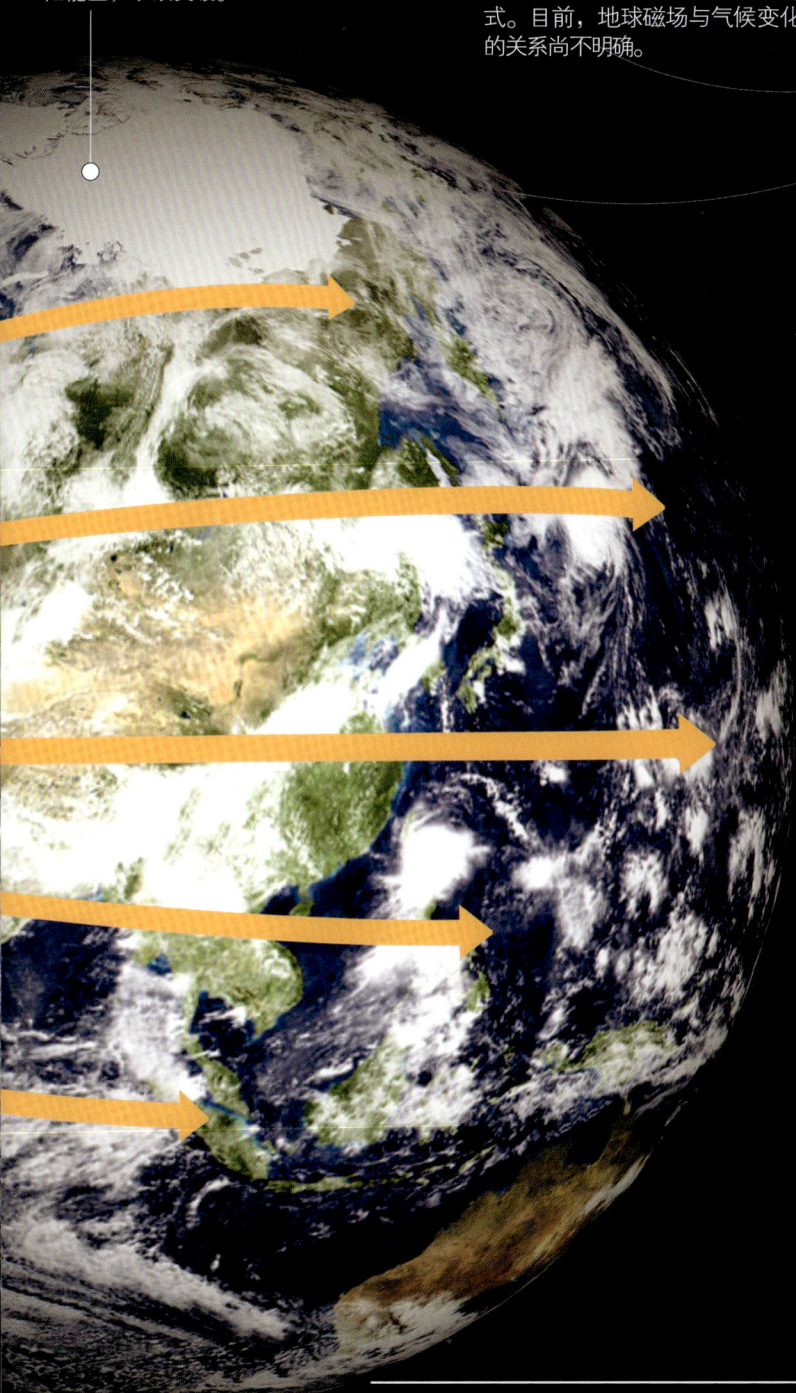

地球磁场

地球的磁场在不断地发生变化。过去，磁场的磁极曾经发生过倒转，有时，它们甚至位于赤道上。这种变化间接地影响了气候，因为它影响了来自太阳的电磁粒子（太阳风）到达地球的方式。目前，地球磁场与气候变化的关系尚不明确。

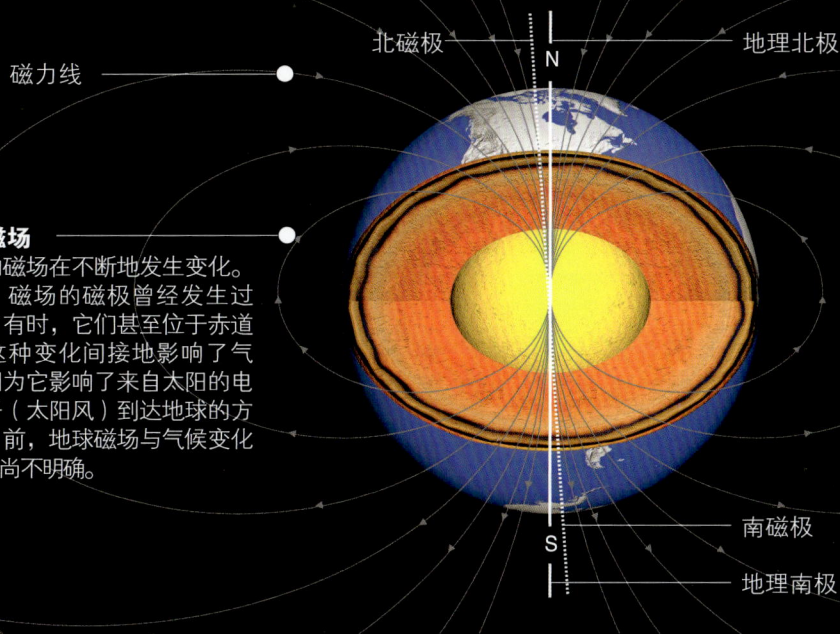

北磁极　　　地理北极

磁力线

南磁极

地理南极

温室气体

温室气体对维持地球上的生命至关重要。但是，大气中这种气体浓度的升高，可能是导致全球平均气温上升的原因。人类活动使二氧化碳的浓度达到了几千年，甚至是几百万年以来的最高水平。

工业排放

很大一部分工业动力来源于化石燃料的燃烧，这种燃烧会产生大量的温室气体，而这些气体都被释放到大气中。

森林砍伐

由于整体生物量的减少，环境大量吸收二氧化碳的能力随之减弱，使得较高浓度的温室气体留在了大气中。

运输

目前，世界上的机械设备基本都是以石油衍生燃料为动力的，这种燃料正是构成大气中二氧化碳的最重要来源之一。生物燃料的出现不会影响二氧化碳的排放水平。

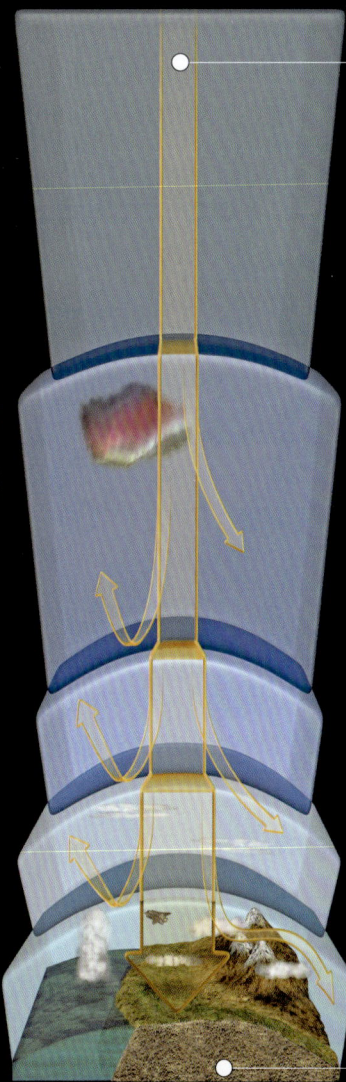

化石研究为我们提供了地球在过去不同时期的气候信息。

气候变化（二）

研究气候及其对地球的影响是一项十分复杂的工作，因为其中存在无数的动态变量。由于这个原因，研究人员的视野目前已经越过了全球变暖的一般性后果，他们正试图确定全球变暖将如何影响地球的某一特定区域。他们希望能提前预见到不希望出现的变化，以及让受影响地区的人们能够利用潜在的有益影响（一些人认为，全球变暖对某些地区是有益的，例如植物的生长期会变得更长）。要获得这些重要的信息，需要研究人员、政府和环保组织的共同努力。●

早期迹象

几家具有权威性的环保组织和国际机构，创建了一幅名为"全球变暖：早期迹象警告"的附有标志的地图，它可以为人们提供未来可能会发生的情况的重要警告。

图例

全球变暖已经出现，且其目前趋势如果长期持续将会加剧的情况

☀ 热浪和异常温暖时期

🌊 海洋变暖，海平面上升，沿海地区洪水频繁发生

🏔 冰川减退

❄ 北极和南极变暖

如果全球继续变暖将可能出现的情况

🦟 疾病范围扩大

🍃 春天提前到来

🦌 动物和植物的种群发生变化

🪸 珊瑚白化

🌪 猛烈的风暴和洪水

🔥 火灾和干旱

33%

这是在过去的25年间，由于冰川的减少，南极阿黛利企鹅种群数量从其常规范围缩减的比例。

美国蒙大拿州冰河国家公园的冰川正在融化，如果以目前的融化速度持续下去，到2070年，冰川将不复存在。

温度记录显示，南极洲周围的水温上升了0.17℃。此外，数百年不融化的拉森陆缘冰架的剩余部分正在继续断裂分解成小块。

在过去的一个世纪里，欧洲大陆的气温上升了0.8℃。在许多地方，热浪纪录或最高（或最低）气温的纪录不断被刷新，而早春现象越来越频繁。

在塔吉克斯坦，出现了75年来的最低降雨量，导致原先预测的2001年收成减少了50％。而气候变化最严重的后果之一是持续的干旱，这剥夺数百万人的食物和水源。

在西伯利亚，地下水、湖泊和河流的结冰时间比20世纪的平均日期晚了11天，而春季解冻时间却提前了5天。一些地区的永久冻土层（冻土）已经融化，而且不再冻结。

30 000

这是1999年12月委内瑞拉的强降雨导致的遇难人数。这次强降雨是委内瑞拉百年以来最严重的一次，某些地方的降雨量超过了现有降雨量纪录400％。在一些地区，乱砍滥伐和荒漠化加剧了这场强降雨带来的影响。

在印度洋的许多沿岸地区（如塞舌尔群岛周边），珊瑚出现白化的迹象，这将彻底毁灭珊瑚群体。这种白化是由于海水温度上升而引发的。

近年来，由于海平面上升和暴雨的共同影响，孟加拉国经历了几次历史上最严重的水灾。一些地区被认为将永久地淹没在水下。

如果海平面继续上升，太平洋上的基里巴斯、瓦努阿图和萨摩亚，以及印度洋上的马尔代夫可能会成为第一批被淹没的岛国。这些岛国的政府已经开始制定最后撤离的计划。

消融的冰山

全球变暖最明显的标志之一，就是两极和高海拔地区的冰山正在不断地融化。科学家们一直在监测的这一进程始于1850年前后，即"小冰河期"刚结束的时候，但最近几十年来，它们的融化速度开始加快。永久冻土层是北半球高纬度地区的一种冻土类型，目前也已经开始融化。由于这些地区的冰使大量的甲烷处于冻结状态，如果它们融化了，将会有更多的温室气体被释放到大气中。●

冰山的终结

▶ 由于全球的平均气温上升，世界上90%的冰川开始减退。在北极，浮冰正在减少；在南极，过去埋在冰下的大部分岩石正在显露出来。

由于冰的融化，北极和南极海岸的外观正在发生变化 →

覆盖南极洲的冰量为

3 200万立方米。

冰川在减退

▶ 作为冰河时代的遗迹，雄伟壮观的冰川仍覆盖着地球约10%的面积。在过去的25年中，科学家通过对它们的研究表明，冰川正在减退。

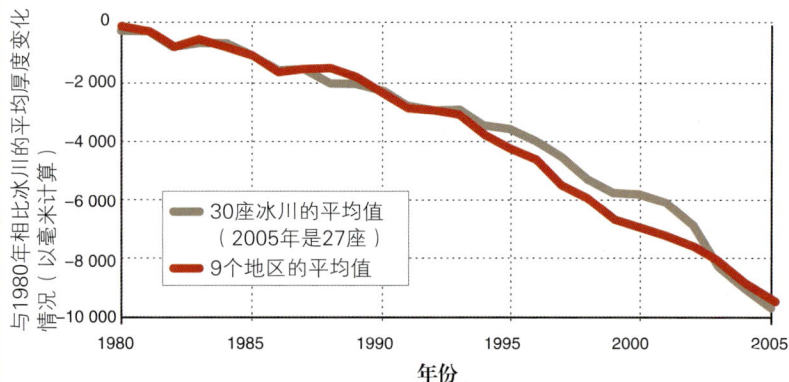

与1980年相比冰川的平均厚度变化情况（以毫米计算）

年份：1980, 1985, 1990, 1995, 2000, 2005

图例：
- 30座冰川的平均值（2005年是27座）
- 9个地区的平均值

纵轴：0, -2 000, -4 000, -6 000, -8 000, -10 000

拉森陆缘冰架

▶ 它位于南极半岛的东部沿海，因缩减的程度而引起关注。这两幅照片显示的是冰架在20世纪80年代时的样子和今天缩减的状态。

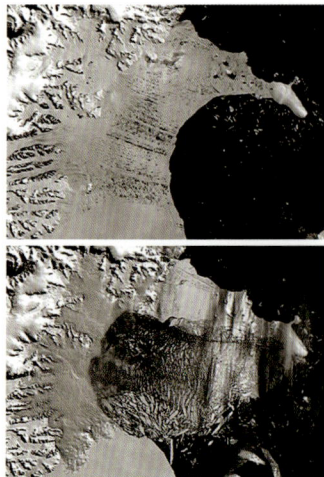

70米

如果世界上所有的冰川都融化了，海平面将上升70米。

1 由于温度上升，冰川开始缩减。

2 在冰下隐藏了几千年的大片区域显露出来。

3 过去冻结的冰融化成水，导致海平面上升，低洼地区被洪水淹没。

照片比较

这两张照片间隔了80年（分别拍摄于1922年和2002年），显示了布卢姆斯川布林冰川（位于北冰洋上挪威的斯瓦尔巴德群岛的一个偏远岛屿上）正在大幅减退。

1922年

2002年

永久冻土层：二氧化碳的另一个来源

▷ 北冰洋周围的陆地区域，土地终年冰冻，在夏季时也只有表层会融化。因此，这个永久冻土层可以分为两部分：软土（冻融层），即在夏季可以融化的部分；永冻土，即软土以下的部分，这部分持续冰冻了1万年。

全球平均气温上升导致软土（冻融层）在冬天无法重新冰冻。此外，永冻土开始了1万年以来的首次解冻。

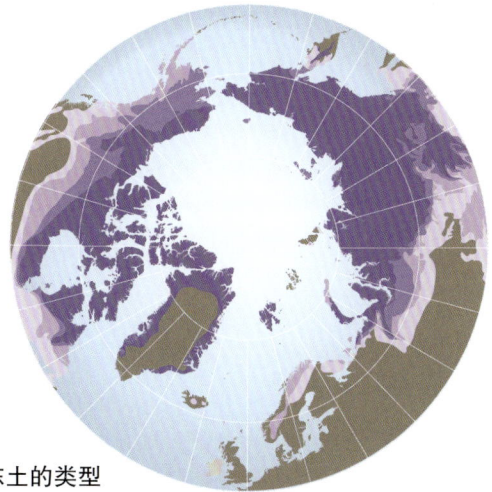

永冻土的类型

孤立的　零星的　间断的　连续的

后果

气候方面
永冻土是碳元素的存储地，因为那里含有化石——这种曾经活着的生物有机体的遗存由碳元素构成。一旦永冻土解冻，此类遗存将暴露在氧气中，并在融水中分解，这个过程会释放出两种主要的温室气体——二氧化碳和甲烷。

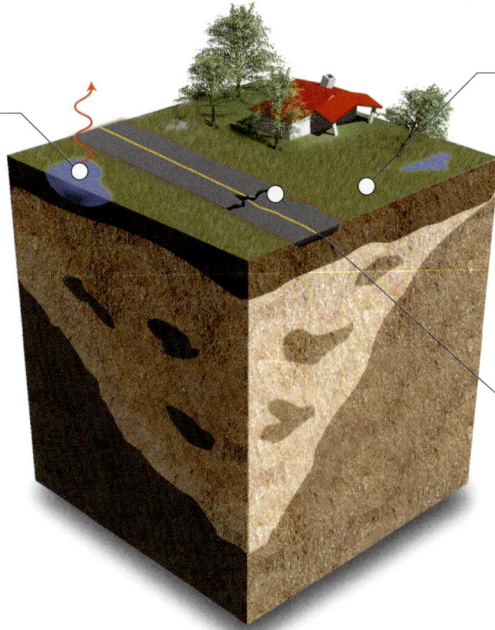

环境影响
由于土壤结构发生变化，生态系统也会发生巨大的变化。

物理变化
在北极，永冻土层是支撑许多建筑的基础（如道路和房屋），它的解冻将导致这些建筑下沉、塌陷。

两极变暖

▷ 随着气候的变化，南极和北极也正在经历着变化。最近的预测甚至显示，几十年后，夏季的北极将看不到冰。

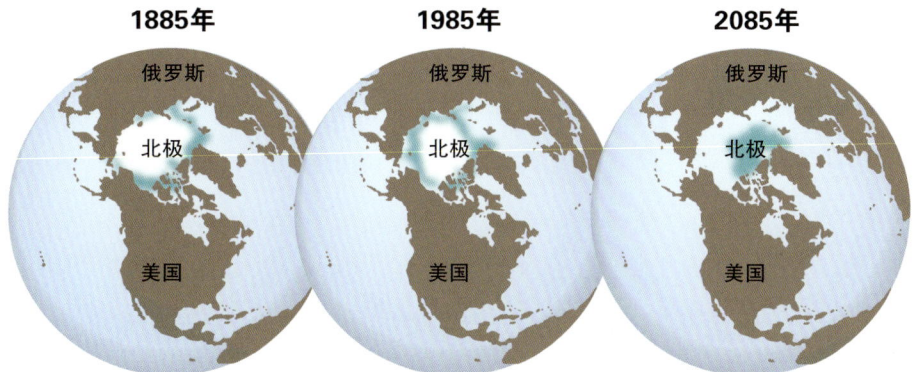

1885年
俄罗斯
北极
美国

1985年
俄罗斯
北极
美国

2085年
俄罗斯
北极
美国

扩张中的沙漠

自史前时代开始，沙漠就在按地球的总体环境状况不停地扩大和缩小。然而，人类的到来及其活动的影响，使一些通常可以生长植物的地方（如土壤肥沃、气候温和、有充足水源的地区）成为真正的沙漠。这些地区的土地已经无法再生长植物，干旱的土壤很难再恢复元气。集约型农业和畜牧业以及全球气候变暖，是这个灾难的主要原因，而这种状况正在以惊人的速度恶化。●

灾难并没有停止

全世界1/6的人口——生活在110个国家的10亿多人正在遭受着荒漠化的影响。目前，地球上有多达1/3的土地处于危险之中。

富饶与贫瘠：从雨林到沙漠

热带雨林（如亚马孙热带雨林）在两个方面受到攻击：一方面是为了扩大放牧区而大规模地砍伐树木；另一方面是为了进行粮食耕作，大片地开垦耕地清理热带雨林。这些土地的肥力能应付1或2季的生产，之后新的土地又需要被清理出来。

处于自然均衡状态的土壤

在结构均衡的土壤中，植物从土壤吸收养分，微生物分解植物产生的废物。在这个过程中，土壤可以恢复自身的营养成分。植物可以吸收雨水，并且尽量减少风和水对土壤的影响。

退化过程

1 为开垦农业用地，土地上的自然植物被清理掉。

2 土地被过度开发（由于集约型农业和放牧）。土地中的养分被用尽，再也无法恢复。

36亿

这是目前世界上被放牧的牲畜的数量，这将导致森林进一步遭到砍伐。

令人担忧的全景图

这幅地图显示了最容易荒漠化的土壤类型。最脆弱的地区以红色显示，一般情况下，都是那些现有沙漠的边缘地带。

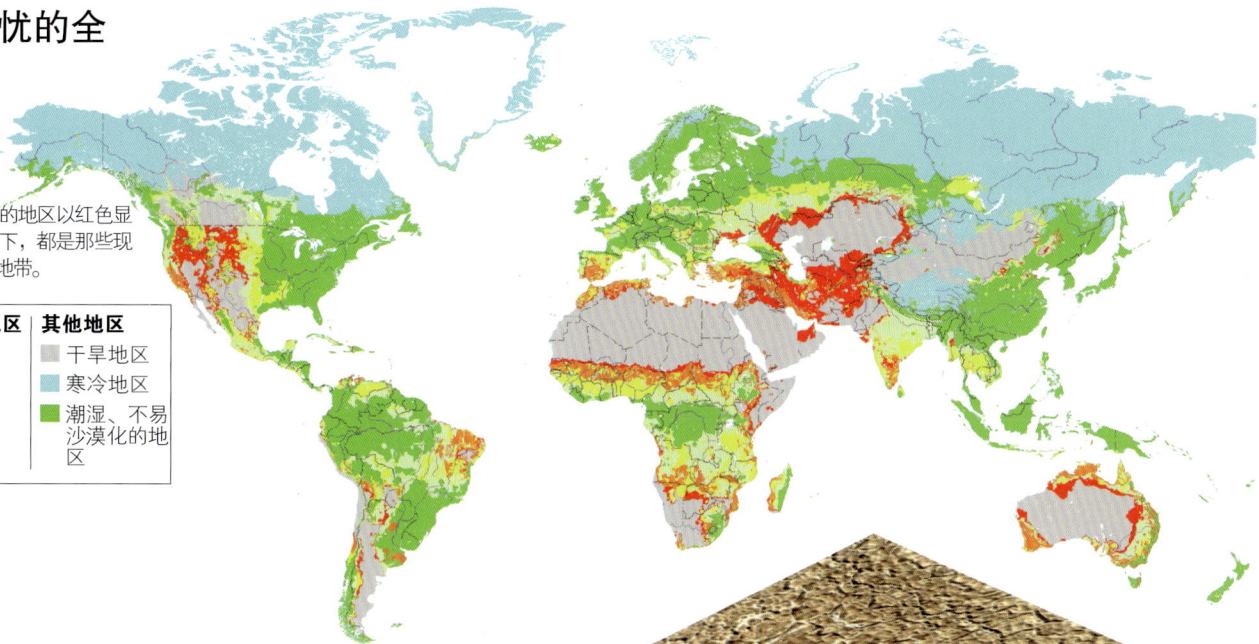

易沙漠化地区	其他地区
很高	干旱地区
高	寒冷地区
一般	潮湿、不易沙漠化的地区
低	

3 一旦土壤中的养分被耗尽，它就不再肥沃，就会被遗弃。

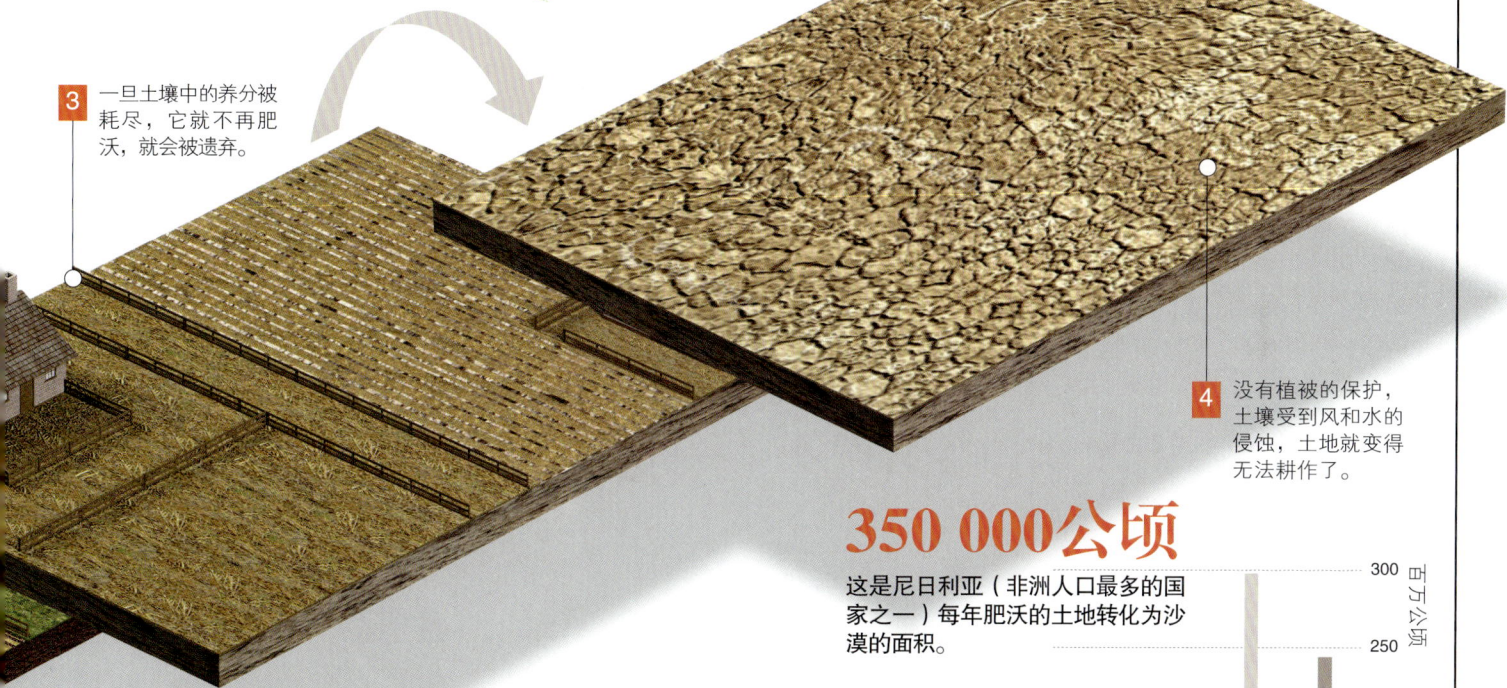

4 没有植被的保护，土壤受到风和水的侵蚀，土地就变得无法耕作了。

350 000公顷

这是尼日利亚（非洲人口最多的国家之一）每年肥沃的土地转化为沙漠的面积。

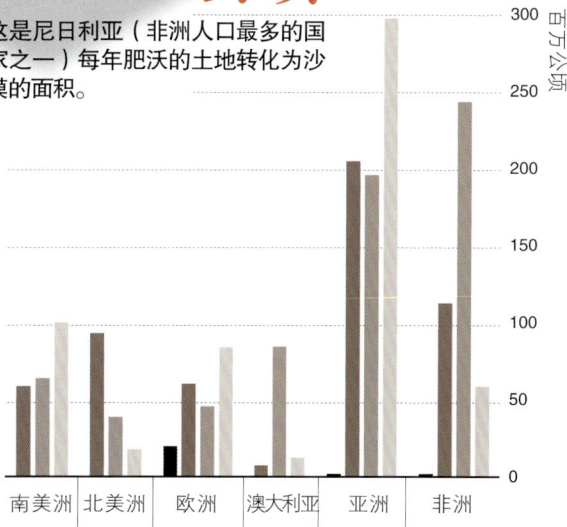

人类应负主要责任

主要的原因
砍伐树木、放牧和农业耕作是毁林的主要原因。

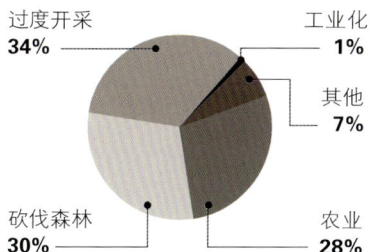

过度开采 **34%**

工业化 **1%**

其他 **7%**

农业 **28%**

砍伐森林 **30%**

各地区毁林的原因
这个图表显示了在各大洲森林被毁的主要原因。

森林采伐	过度开发	耕作	生物产业

南美洲　北美洲　欧洲　澳大利亚　亚洲　非洲

百万公顷 300 250 200 150 100 50

可怕的飓风

大气和温热的海水在大暴风雨的生成和发展中起着非常重要的作用。由于这个原因，确认地球气候变暖就意味着在不久的未来飓风出现的频率和强度都有可能会增加。但是，气候现象的复杂性要求人们在得出这样的结论之前倍加谨慎。了解飓风如何形成以及影响其形成的条件，是解决这个问题的第一步。●

毁坏万物的强大力量

▶ 飓风是大自然最强大的力量之一。2006年异常活跃的飓风季节使人们再次关注：全球变暖是否会影响到这个庞大怪物的发生频率。

不同的名称

▶ 世界的一些地区会遭受到飓风的袭击。在不同的地方，飓风有着不同的称呼，比如热带气旋或台风。

无休止的争论

全球变暖是否会推动大飓风的发展？知名专家断言：的确如此。但其他人却肯定地认为，没有任何具体证据证明这个情况，因为飓风的形成还有一些其他的关键因素（如海洋温度和高空风的存在），这些都取决于各种复杂的现象。

至少6 000人

这是1900年可怕的飓风在美国得克萨斯州的加尔维斯敦造成的死亡人数，但实际死亡人数可能高达12 000人。相比之下，2005年臭名昭著的卡特里娜飓风造成1 500人死亡。

袭击美国的飓风数量

2005年的飓风季节是历史上最糟糕的季节之一。不过下面的图表显示，在好几个十年期间，例如20世纪40年代，有很多大型飓风袭击了美国。

十年期	级别					总数	大型飓风（3、4、5级）总数
	1	2	3	4	5		
1851–1860年	7	5	5	1	0	18	6
1861–1870年	8	6	1	0	0	15	1
1871–1880年	7	6	7	0	0	20	7
1881–1890年	8	9	4	1	0	22	5
1891–1900年	8	5	5	3	0	21	8
1901–1910年	10	4	4	0	0	18	4
1911–1920年	10	4	4	3	0	21	7
1921–1930年	5	3	3	2	0	13	5
1931–1940年	4	7	6	1	1	19	8
1941–1950年	8	6	9	1	0	24	10
1951–1960年	8	1	6	3	0	18	9
1961–1970年	3	5	4	1	1	14	6
1971–1980年	6	2	4	0	0	12	4
1981–1990年	9	2	3	1	0	15	4
1991–2000年	3	6	4	0	1	14	5
2001–2006年	6	2	6	1	0	15	7
总计	110	73	75	18	3	279	96

飓风

飓风

台风

从这一地区开始，此类热带低气压一般会向西移动，在适宜的条件下，它会发展成飓风。

强度

1级
- 破坏程度：最小。主要是树木和活动的房屋，对其他建筑只有轻微的破坏。
- 风速：119~154千米/小时
- 风暴潮：高达1.5米

2级
- 破坏程度：一般。毁坏部分屋顶，树木被吹倒。
- 风速：155~178千米/小时
- 风暴潮：高达2.4米

飓风是如何形成的

1. 飓风形成的基本元素是围绕一个共同中心旋转的水汽、热量和风。高温区发展成低压区。

■ 冷空气
■ 暖气流

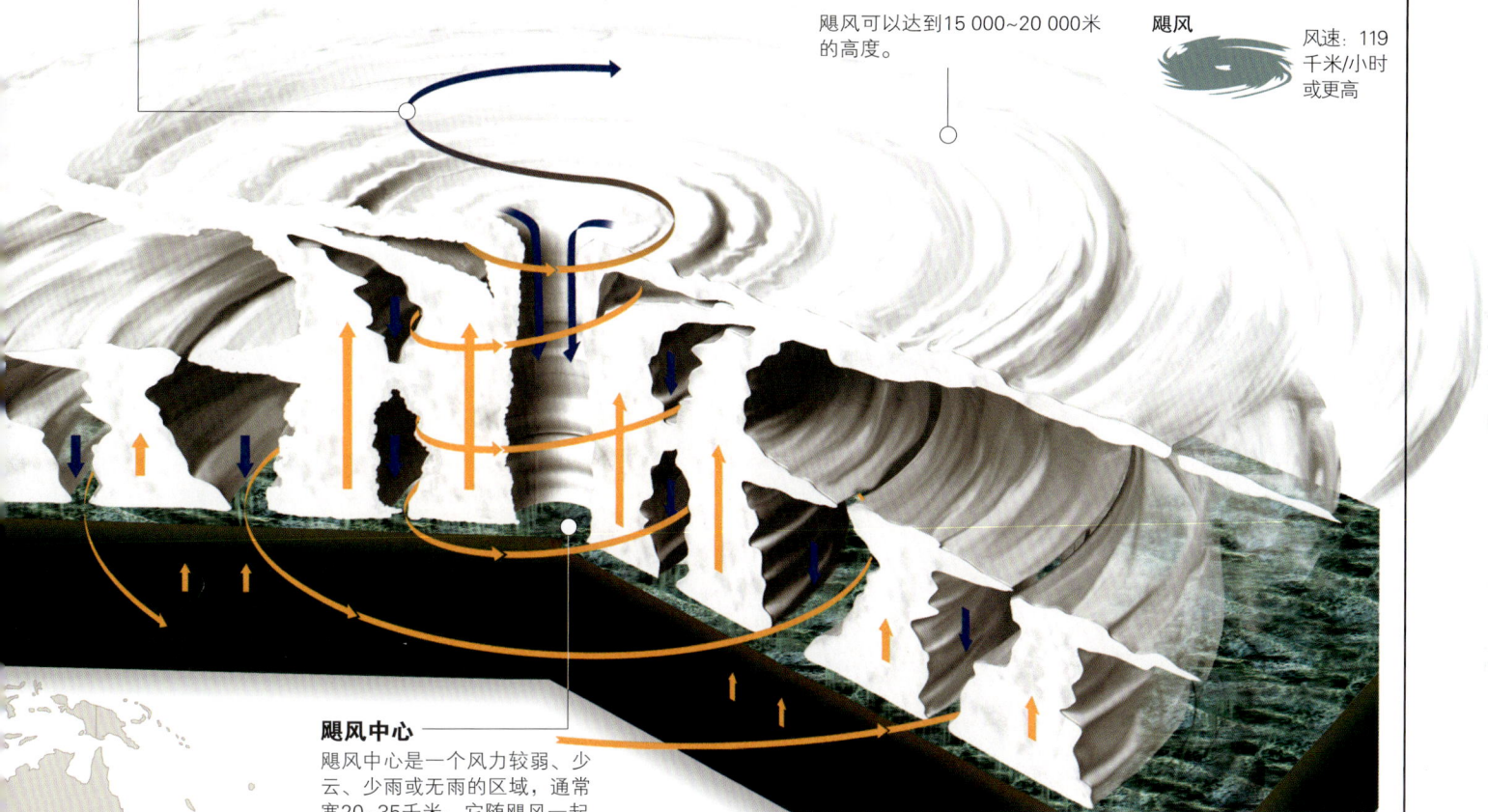

2. 气温升高的区域形成了一个低压区。在北半球，风呈逆时针方向旋转；在南半球，风以顺时针方向旋转。

3. 当温暖潮湿的气体从海洋表面上升时，飓风开始发展。随着高度增加，这股气体逐渐冷却，其中的水分凝结，形成降雨。水分凝结的过程释放出大量热量，增强了风暴的上升气流，加剧了飓风的强度。

4. 当风速达到119千米/小时左右或以上时，风暴就被称作飓风了。飓风通常具有明确的风暴中心。

飓风可以达到15 000~20 000米的高度。

发展

热带扰动 — 低压区

热带低气压 — 风速：小于63千米/小时

热带风暴 — 风速：63~118千米/小时

飓风 — 风速：119千米/小时或更高

飓风中心
飓风中心是一个风力较弱、少云、少雨或无雨的区域，通常宽20~35千米。它随飓风一起移动，时速30~35千米。

热带风暴

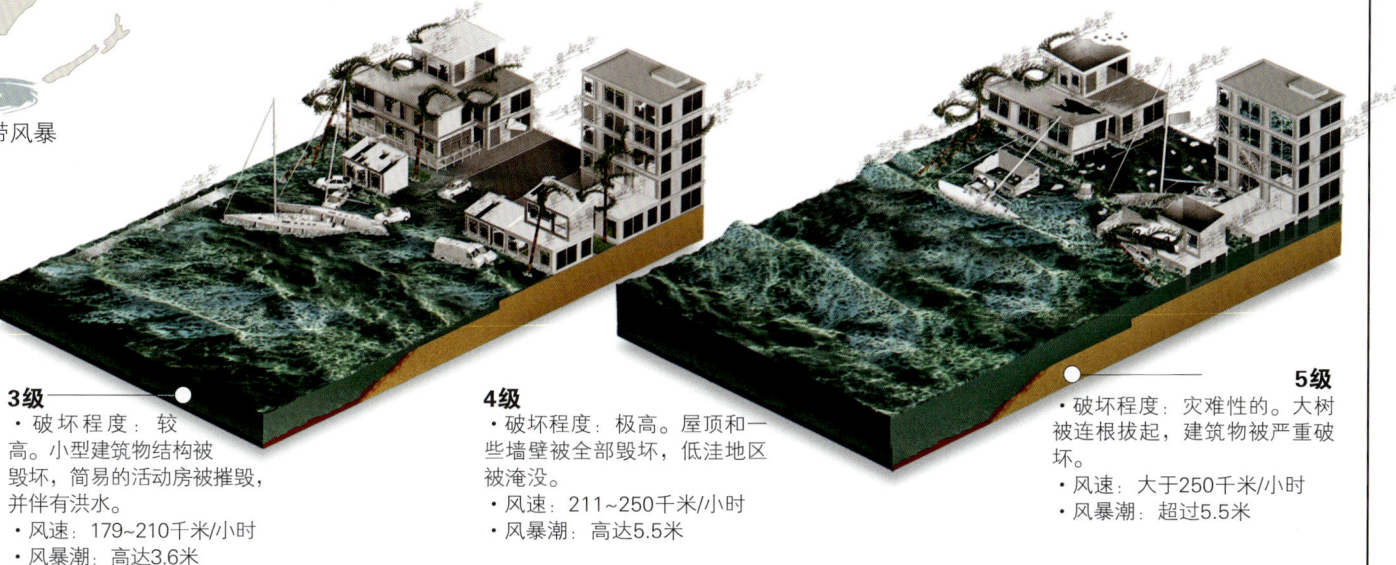

3级
- 破坏程度：较高。小型建筑物结构被毁坏，简易的活动房被摧毁，并伴有洪水。
- 风速：179~210千米/小时
- 风暴潮：高达3.6米

4级
- 破坏程度：极高。屋顶和一些墙壁被全部毁坏，低洼地区被淹没。
- 风速：211~250千米/小时
- 风暴潮：高达5.5米

5级
- 破坏程度：灾难性的。大树被连根拔起，建筑物被严重破坏。
- 风速：大于250千米/小时
- 风暴潮：超过5.5米

厄尔尼诺现象

厄个世纪以来，人们已经认识了经常伴随灾难而来的厄尔尼诺现象，它向科学家们显示：海水的变暖会影响到全球气候。厄尔尼诺现象的存在表明了气象状况的复杂，深入研究这一现象得出的数据，令科学家们不断得到新的发现。持续不断的研究使人类能够进一步预知其发生的时间，而这在几年前曾被认为是不可能的。这项研究还有助于预测厄尔尼诺现象带来的负面影响和潜在的好处。●

喜欢恶作剧的孩子

厄尔尼诺现象经常与南美洲西部海岸一带的表面海水升温有关，而那里的水通常是冰冷的。这种现象一般每隔2~7年发生一次，通常发生在6~12月。

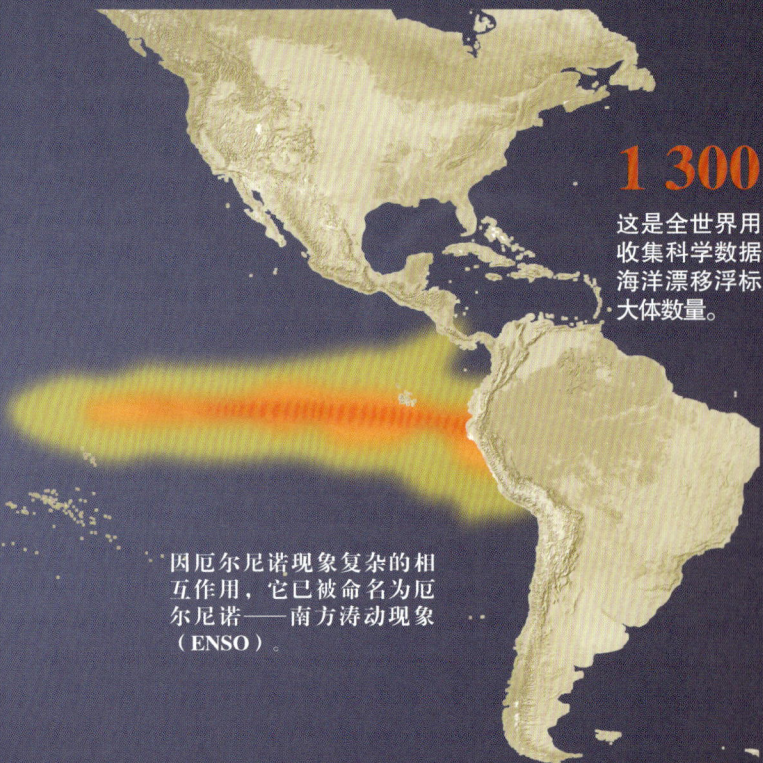

目前，科学家还没有确切的证据证明厄尔尼诺现象和全球变暖的关系。

1 300

这是全世界用于收集科学数据的海洋漂移浮标的大体数量。

因厄尔尼诺现象复杂的相互作用，它已被命名为厄尔尼诺——南方涛动现象（ENSO）。

厄尔尼诺现象产生的原因

当前的厄尔尼诺现象与所谓的南方涛动现象有着密切的联系，这是一种气压在太平洋西部和东部交替上升或降低的现象。

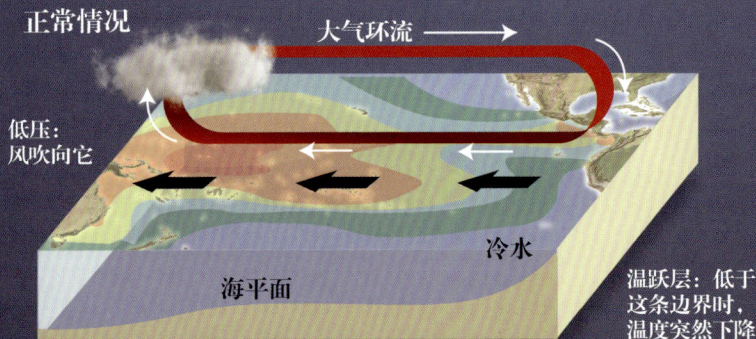

正常情况

大气环流 ⟶

低压：风吹向它

冷水

海平面

温跃层：低于这条边界时，温度突然下降

厄尔尼诺期间

强降雨

高压：风吹离它

温水

暖流的方向

海平面

西太平洋、印度尼西亚和东南亚等地区的气压低于东太平洋地区的气压，这使风横跨太平洋西吹，将温水推向澳大利亚和印度尼西亚，并在那里形成降雨，提升了海平面。而在南美洲的东太平洋海域，温水被从海底上涌来的冷水取代。这股冷水含有非常丰富的营养物质。

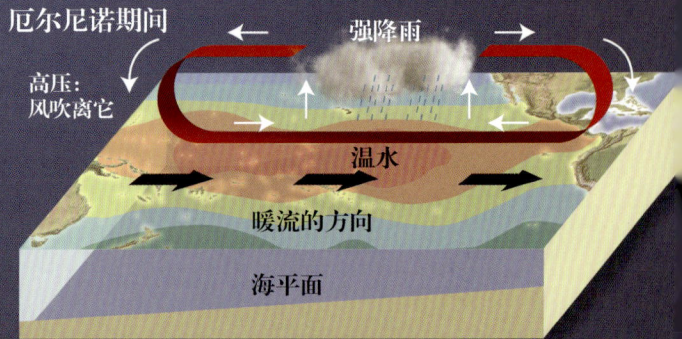

东南亚和印度尼西亚上空的气压大于或等于东太平洋上空的气压，因此风不再将温暖的表层海水向西推，也就阻碍了寒冷的深海海水上涌到南美洲海岸。活跃的风暴区向东移动。

湿度传感器

温度传感器

导航灯

温度传感器

传感器电缆

缆绳

锚

厄尔尼诺现象的预测手段

▶ 由于厄尔尼诺现象影响广泛，因此预告它的发生时间非常重要。这可以使受厄尔尼诺现象负面影响的地区事先得到警告，以减少损失，而得益于厄尔尼诺现象的地区也可以制定相应的计划。

图例

● **固定浮标**
这种浮标被锚定在某个地方，用来监测海水的性能（如流速、盐度、在特定深度的温度，以及空气湿度），并将这些信息传送给卫星。

● **潮汐监测站**
分布在太平洋上，用来监测海平面的变化，这对探测厄尔尼诺现象的出现非常有用。

→ **漂流浮标**
这些浮标被扔进大海里，随波逐流漂浮。与固定浮标一样，它们被用来测量海水的各种属性，并将数据传送给卫星。

→ **自愿观测**
横跨太平洋的船舶会报告他们观察到的任何异常情况。

阿哥斯卫星
于1999年发射升空，它在地球上空830千米的高度上运转，主要工作是收集自动浮标发送来的数据，然后将这些数据转发到各研究中心。

"好"厄尔尼诺和 "坏"厄尔尼诺

▶ 直到最近，厄尔尼诺现象仍与不幸和灾难联系在一起。但是，研究人员发现，厄尔尼诺现象也可以是有益的。

优点
● **水分增加**
它带来的降雨可以使干旱和贫瘠的区域变得非常肥沃。

● **飓风减少**
研究人员一致认为，加勒比海地区在厄尔尼诺现象发生的年份中，热带风暴总是发生得比较少。

● **野生动植物**
在厄尔尼诺现象中，有些动植物群落受到危害，有些群落却收获颇丰，因为厄尔尼诺为它们带来了比平时更多的猎物。

问题
● **大洪水**
一些大洪水的发生与厄尔尼诺现象重合。

● **持续干旱**

● **森林大火发生频率增加**

● **龙卷风**

● **野生动植物**
当一个区域的温度和湿度模式发生变化时，这里的野生动植物也会发生变化，进而影响到以这些野生动植物为主要资源的群落。

为提前发出警告，每年用于监测厄尔尼诺现象的监测系统的花费达

490万美元。

拉尼娜现象

▶ 有时，东太平洋和西太平洋之间的气压相差非常大，向西吹的风变得异常猛烈，由此产生的现象被称为拉尼娜现象。它对气候的影响往往与厄尔尼诺现象相反。

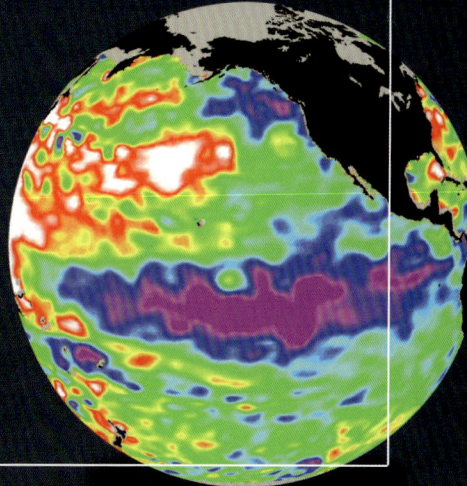

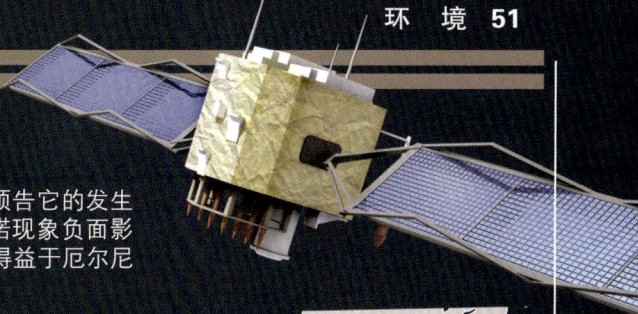

疾病的传播

地球气候变化和人类活动对生态的影响，并不是仅仅将世界置于潜在的环境灾难的边缘，多项研究显示，它们对公众健康也存在着潜在的威胁。对自然环境的破坏和"热带化"的气候变化，使一些传染病（如疟疾、登革热和黄热病）更广泛地传播到一些从未发生过此类疾病的地区。新区域的人口将会成为易受感染者，这对公共医疗服务提出了挑战。●

令人不安的名单

◤ 某些疾病的载体（传播者，如昆虫）到达新的地区后，会根据环境变化（如气候变化、大洪水或生态系统的破坏）改变它们的行为。

15年

这是一个人从感染美洲锥虫病菌到发展成疾病的可能潜伏期。在这个期间内，他没有任何疾病症状。

■ 地理分布

蚊子是地球上最致命的动物。

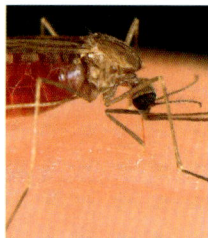

	疟疾	血吸虫病	昏睡病	龙线虫病
	这是世界上主要的疾病之一，它是由一种寄生虫（疟原虫）引发的，这种生物体通过疟蚊传播。疟疾通常影响第三世界国家，主要是非洲。	这种疾病是由一种被称为血吸虫的寄生性扁形虫引发的，人通常是在它滋生的水中洗澡时感染的。这种疾病在非洲极其常见，虽然这种病的死亡率并不高，但是它会引起可怕的高烧，使人孱弱而失去工作力。	由舌蝇传播，能使人变得虚弱、糊涂，进入不同程度的睡眠状态，如果不及时治疗会导致死亡。这种疾病是由寄生锥虫引发的，主要发生在撒哈拉以南的非洲地区，特别是农村地区。	这种可怕的变异性疾病是由一种线状蠕虫——麦地那龙线虫引发的。这种寄生虫可以长到1米多长，它首先会感染细小的水蚤，当人饮用含有水蚤的水时，就会把它带入体内。尽管人们做了大量的工作来防止龙线虫感染，但在非洲和中东地区，每年仍有大约5 000人感染此病。
带菌者	疟蚊	血吸虫在钉螺体内完成了部分生命周期	舌蝇	甲壳类动物，水蚤（剑水蚤属）
处于危险中的人口（以百万计）[1]	2 400[2]	600	55[3]	100[4]
目前受感染的人数或每年的新发病例数	3亿~5亿	2亿	每年25万~30万病例	每年10万
当前分布	热带地区和亚热带地区	热带地区和亚热带地区	热带非洲	南亚、阿拉伯半岛和西非
分布情况改变的可能性	非常可能 ●	很可能 ●	有可能 ●	不清楚 ○

[1] 前三条是根据1989年的评估预测的。　　　　[2] 世界卫生组织，1994年。　　　　[3] 世界卫生组织，1994年。　　　　[4] 兰克，个人通信。

真实的案例

下图显示了当平均温度升高时，哥伦比亚的疟疾病例数增加的情况。

气温（1961—1998），线性趋势

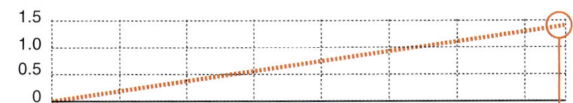

哥伦比亚热带疾病发病率的增加情况

感染情况（每10万人）

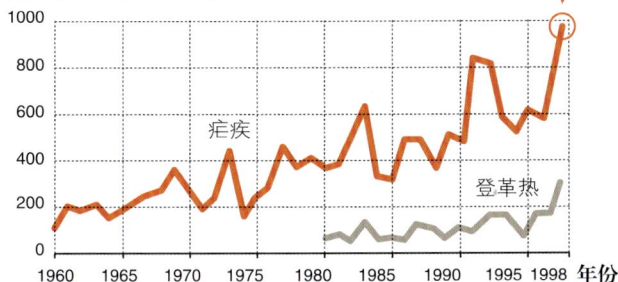

抗天花之战

对抗天花的运动，是人类推动公共健康事业向前发展的最好案例之一。在人类历史上，这种病毒性疾病曾导致了数百万人死亡，全球范围的免疫运动成功地战胜了这场灾难。记录显示，1977年在索马里发现了最后1个病例。

对天花的最后战斗开始于1966年，持续至1980年。

4米

这是龙线虫能生长的长度，但是它还没有一根缝纫线粗。

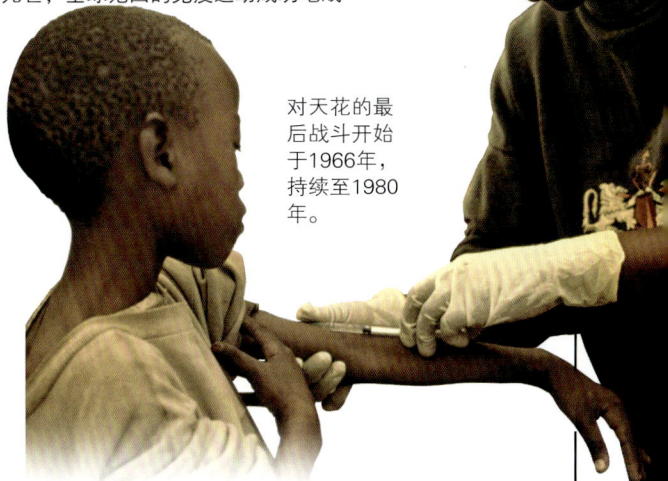

美洲锥虫病	利什曼病	盘尾丝虫病	登革热	黄热病
这种在中美洲和南美洲传播的疾病，通常是由一种寄生性原虫克鲁斯氏锥虫引发的，由吸血猎蝽（主要是锥蝽属）传播给人类。在成千上万的感染者中只有一部分会发展成疾病，最后因心肌逐渐衰竭而死。	是一种传播最广的传染性疾病之一，在某些形式时甚至是致命的，尤其是在苏丹和巴西。它由一种寄生原虫利什曼氏虫引发，通过白蛉叮咬进行传播。	这种传染病也被称为河盲症，由一种蠕虫致病，通过黑蝇进行传播。人被感染后，眼角膜会发生病变，进而导致失明。它已经成为人类失明的第2大原因。	由4种类型的病毒引起的疾病，主要通过埃及伊蚊进行传播。患有这种疾病的人会出现可怕的高烧。如果是由一种以上的菌株感染的，这种病会发展为登革出血热，这是致命的。登革热的分布情况与疟疾很相似；与疟疾不同的是，登革热的病例在城市中也有发现。	是由一种与登革热病毒密切相关的病原体引发的。过去，黄热病曾造成大量的死亡，尤其在非洲和拉丁美洲。它是一种出血性疾病，尽管已有预防这种疾病的疫苗，但这种病仍然具有较高的死亡率。
锥蝽属的猎蝽	巴浦白蛉属和罗蛉属的白蛉	黑蝇	埃及伊蚊	埃及伊蚊
100[5]	350	350	1 800	450
1 800万	1 200万感染者，每年有新发病例50万[6]	1 750万	每年1 000万~3 000万	每年有5 000多病例
中美和南美	亚洲、南欧、非洲、北美和南美	非洲和拉丁美洲	所有热带国家	南美、中美、非洲
有可能 ●	有可能 ●	非常具有可能性 ●	非常具有可能性 ●	有可能 ●

[5] 世界卫生组织，1994年。　　[6] 内脏的利什曼病的年发病人数。皮肤的利什曼病的发病人数每年有100万~150万人（泛美卫生组织，1994年）。

环境难民

" 难民"一词马上就会让人想到那些遭到迫害的人和政治流亡者的营地。难民营会被认为是那些逃离暴力政权的人可以得到庇护的地方。然而今天，联合国认识到，许多人被迫离开自己的家园却是出于环境的原因，或是因为自然灾害，或是因为土地退化得无法再给他们提供必需的生活资源。而气候变化会使这种情况更加恶化，2010年，多达5 000万人的生活因此而受到影响。●

别无选择

尽管关于政治难民的待遇问题，在现有的法律法规中都有相关的规定，但是世界还没有准备好去面对大规模的环境难民潮。以下是近年来由于环境问题导致大量难民产生而使人们流离失所的例子。

● 卡特里娜飓风

2005年，当卡特里娜飓风摧毁美国新奥尔良市时，大约有150万人不得不暂时迁移。评估显示，这些人中大约有30万人再也没有回到自己的家园。

● 逃离墨西哥

大约90万人离开了墨西哥干旱半干旱地区，由于那里的土壤太贫瘠，他们迁移到了美国。

图例
- ● 自然灾害
- ● 环境恶化
- ● 洪水

75%

这是来自亚洲、非洲和拉丁美洲的环境难民所占的比例

● 家庭破裂

撒哈拉沙漠的扩张迫使成千上万的人迁移。在非洲马里西部的卡伊地区，每3个家庭就有2个家庭中的至少1人因为荒漠化而移民。

225 000

这是死于2004年12月底发生在东南亚的海啸的人数，这场灾难也破坏了海岸。

令人沮丧的全景图

▷ 图表显示的是20世纪50年代以来，自然灾害发生次数的增加情况。但只有与气候变化有关的灾害的次数有所增加，如风暴和洪水等。这表明，随着气候变化的持续，极端气候事件将会更加频繁地发生。

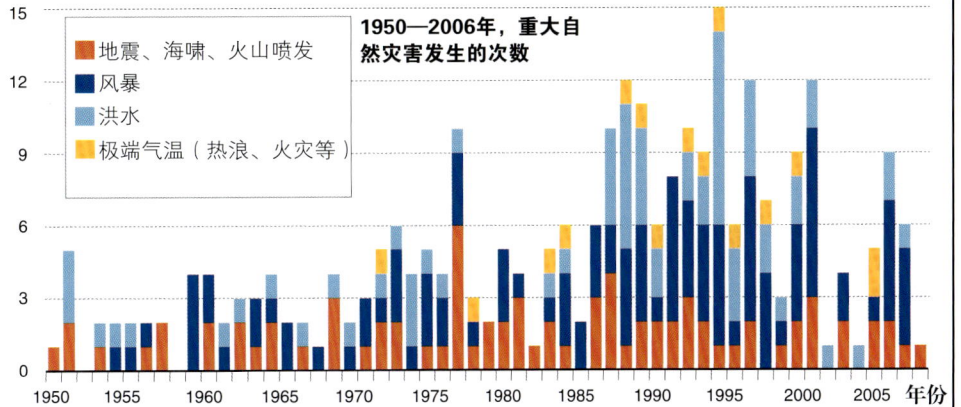

1950—2006年，重大自然灾害发生的次数

- 地震、海啸、火山喷发
- 风暴
- 洪水
- 极端气温（热浪、火灾等）

辐射难民

虽然没有明确的计数，但据估算，在1986年的切尔诺贝利核泄漏事故中，大约有12万人被迫搬迁。目前，那里的整片整片社区仍在荒弃中。

1亿

这是截至1990年，因修建大型水坝被迫迁移的人口，他们也被认为是环境难民。

印度及其邻国

2007年，大量降雨造成印度、孟加拉国和尼泊尔2 000多人死亡，数百万人被迫离开家园。2004年，38%的孟加拉国领土曾不同程度地被水覆盖，这种情况正在更频繁地发生。

流亡出沙漠

戈壁沙漠的扩张，迫使中国内蒙古自治区、宁夏回族自治区和甘肃省大约4 000个社区的居民进行生态移民。

在远东

2011年朝鲜的特大暴雨迫使数十万人离开家园，严重危害了农业生产。

来势汹汹的河水

2007年中国安徽省内淮河的异常上涨，造成100多万人流离失所，大量耕地被毁坏。

废墟中的巴基斯坦

2006年的大地震造成巴基斯坦成千上万人死亡，数百万人无家可归。一年后，近200万人仍因没有住房而居无定所或寄居在难民营中。

印度洋海啸

2004年12月底，可怕的海啸席卷了东南亚海岸，造成成千上万人死亡，200万人流离失所。

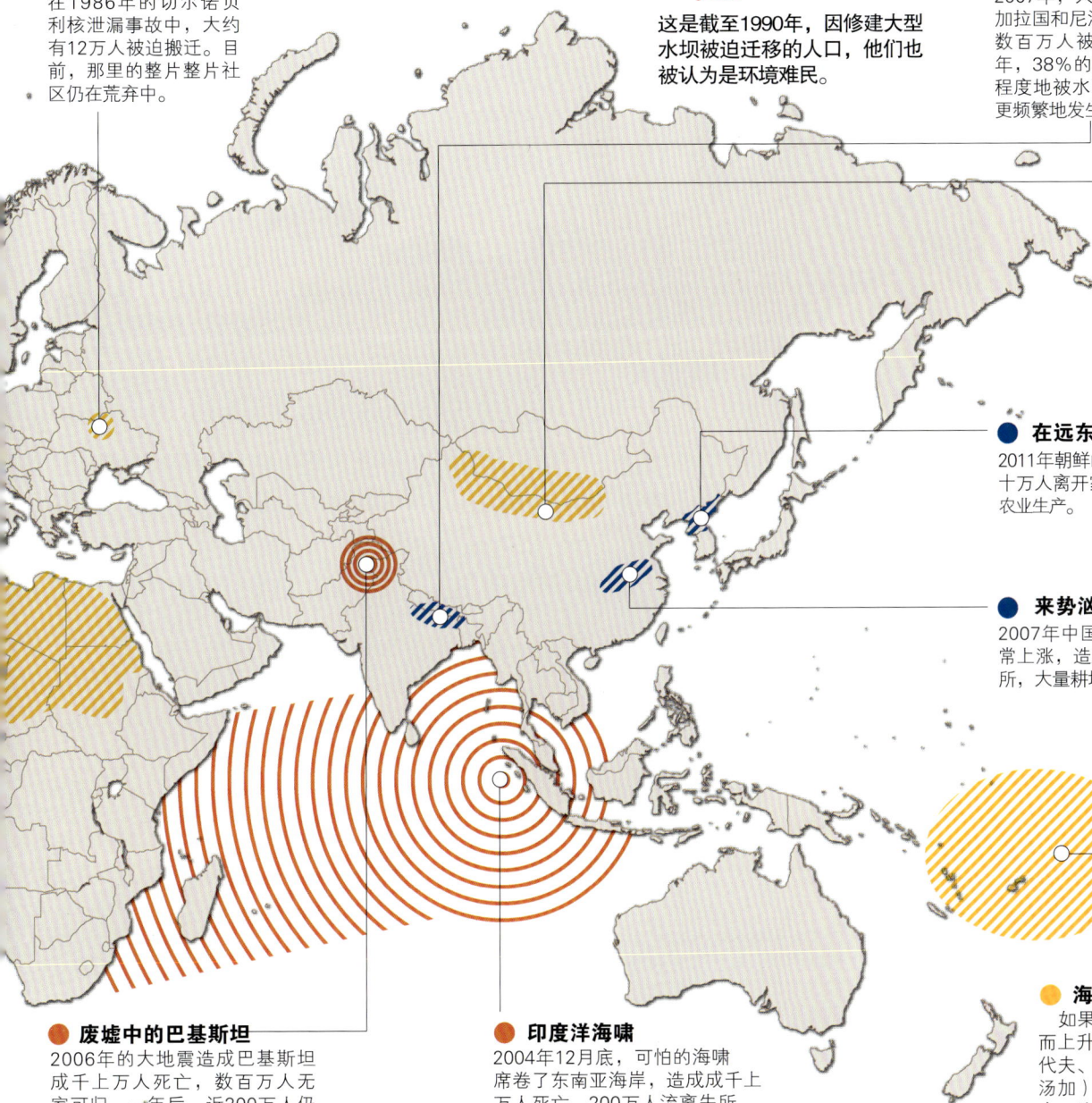

海底国家

如果海平面因气候变化而上升，岛屿国家（如马尔代夫、图瓦卢、基里巴斯和汤加）最终可能会消失在水中。这些国家正在制定移民计划，特别是与澳大利亚和新西兰进行合作。

患病的珊瑚礁

全世界1/4的鱼类生活在珊瑚礁中。珊瑚礁除了能保护海岸线免受侵蚀，还为数百万人提供食物来源，同时，它也带来了可观的旅游收入（许多拥有珊瑚礁的国家都是小型岛屿国家）。然而，世界上1/3的珊瑚礁生病了或消失了，到2030年，多达70％的珊瑚礁可能会遭受同样的命运。多种原因共同导致了这种情况，但全球变暖和人类活动的影响是其中的主要原因。●

在放大镜下

珊瑚礁是由上百万个被称作珊瑚虫的微小动物组成的，这种珊瑚虫与水母和海葵有着密切的关系。珊瑚礁是地球上最古老的生态系统之一，它们是活体有机生物形成的最大的结构体，在某些情况下长度可达1 600千米。

鬼礁

由于珊瑚礁大而丰富的生物多样性，它们就相当于海水中的热带雨林。然而，污染和海洋温度上升导致了珊瑚礁的退化。珊瑚礁曾经是名副其实的水下花园，但今天在许多地方，只能看到白色的珊瑚骨骼，它们已经被动物和植物遗弃了。

珊瑚虫

触手

珊瑚虫

活组织将珊瑚虫连接在一起。

骨架

属于虫黄藻类的海藻生活在珊瑚虫中，与它形成完美的共生关系。海藻为珊瑚虫提供大量的食物来源，而珊瑚虫也为藻类提供了保护和生存的物理环境。

珊瑚虫死后会分解消亡，但它们的石灰质骨骼却能保留下来，为下一代形成了一个坚实的基地。

25%
这是生活在珊瑚礁中的海洋鱼类所占的比例。

它们是怎么生病的？

珊瑚的主要病症是正在白化，它们已经失去了原来的色彩，这可能是由于海洋温度升高和海洋酸化造成的。在某些情况下，珊瑚可以恢复健康，但也可能永远失去原本的颜色。

当海洋温度升高时，共生藻类就会离开珊瑚虫，这导致它们的外表颜色变淡。一旦珊瑚礁缺少了其主要的营养来源之一，珊瑚的抵抗力就会下降，然后就会生病，甚至死亡。在某些情况下，海水温度恢复正常，藻类会重返珊瑚礁，珊瑚就会恢复健康。

失去珊瑚礁的原因

- 旅游
- 用毒药捕鱼
- 过度开发
- 沉降作用
- 获取珊瑚
- 用炸药捕鱼
- 污染

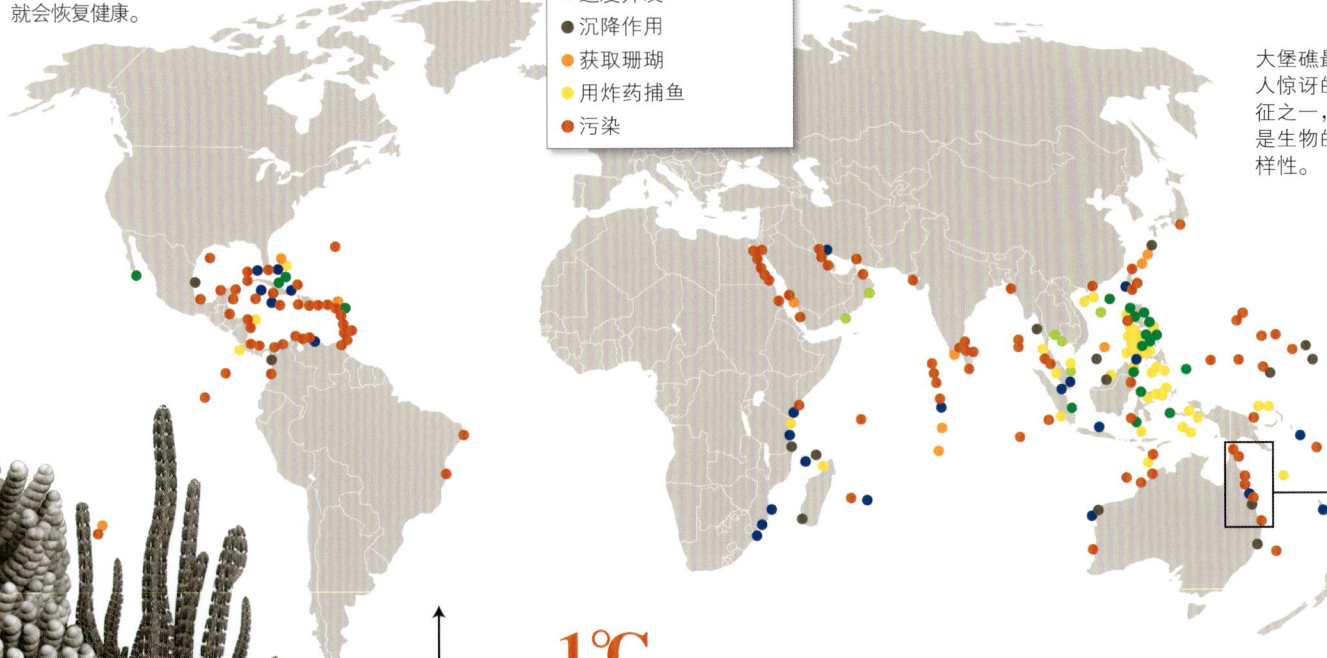

拯救大堡礁！

大堡礁是世界上最大的珊瑚礁，它沿澳大利亚东北海岸延伸约2 000千米。近年来，它遭到了巨大的破坏，高达60%的珊瑚褪色。研究人员认为，如果目前的趋势持续下去，1个世纪内珊瑚就会消失。

大堡礁最令人惊讶的特征之一，就是生物的多样性。

1℃

只要海水温度超过其平均值1℃，就能导致珊瑚患上白化病。

用数字来显示大堡礁

2 000	长度（千米）
3 000	个体礁岩
600	与大陆间的岛屿
300	珊瑚礁岩
1 500	鱼的种类
400	珊瑚的种类
4 000	软体动物的种类

旅游业的责任

过度密集的旅游业是珊瑚正在消失的原因之一。但是，只要遵循一些准则，游览珊瑚礁就不会产生任何消极的后果。

世界上的珊瑚每年可以创造的经济效益为

3.75亿美元。

臭氧洞

含有臭氧分子的气体层为地球形成了一个无形的保护层，使地球在很大程度上免受有害的太阳辐射伤害。然而，每年春天，两极地区的臭氧浓度就会急剧降低，尤其是在南极的上空。这种现象最初被认为是自然循环的一部分，但是后来科学家们发现，在过去几十年中，人造合成气体是使"臭氧洞"发展成今天这种令人担忧状态的主要原因。这一发现令科学家们非常担忧。●

可靠的保护罩

臭氧层位于地球表面10~50千米的高度，保护地球免受中波紫外线的辐射。臭氧还存在于接近地球表面的地方。近地面层臭氧是由污染产生的，对植物和动物都有害。

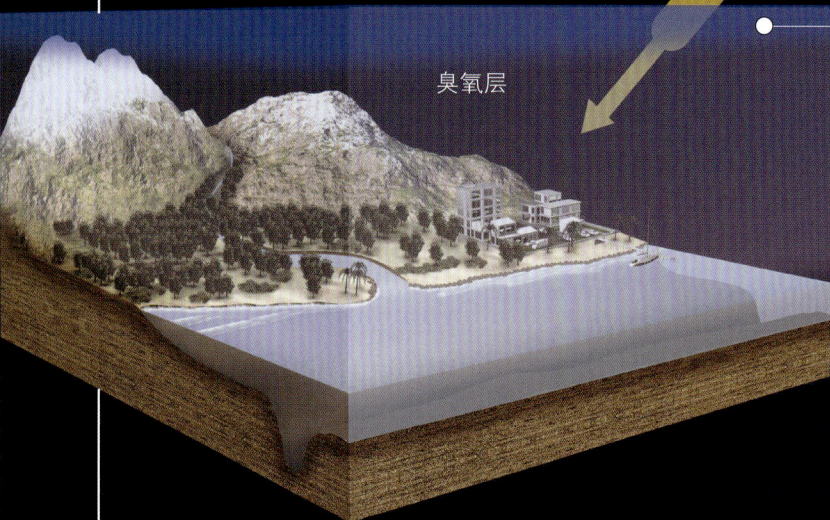

太阳

臭氧层

紫外线过滤器
臭氧可以过滤掉绝大部分太阳中波紫外线的辐射，并将这种辐射转换成热能。如果不经过滤，这种类型的辐射能够杀死微生物，损害植物和动物，使人类患上癌症。

无休止的循环
当来自太阳的辐射碰到臭氧分子时，这种分子就会破裂，产生高活性氧。然后臭氧分子重新组合，并在这个过程中释放出热能。

春天的麻烦

每年春天，南极上空的臭氧浓度都会急剧下降，使大量的中波紫外线穿越大气层，年复一年。直到夏天，臭氧层才能恢复。

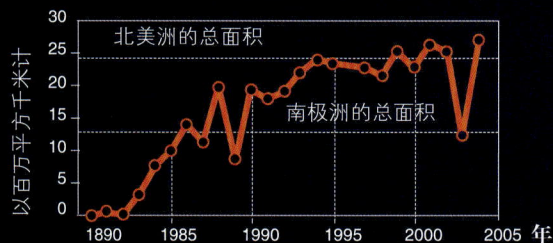

以百万平方千米计

北美洲的总面积

南极洲的总面积

30 25 20 15 10 5 0

1890   1985   1990   1995   2000   2005 年

变薄的臭氧层的覆盖范围时有变化，但在20世纪80年代，这个范围急剧扩大。

臭氧层空洞的变化
一连串的图像，显示的是9月份南极上空臭氧洞的大小情况。

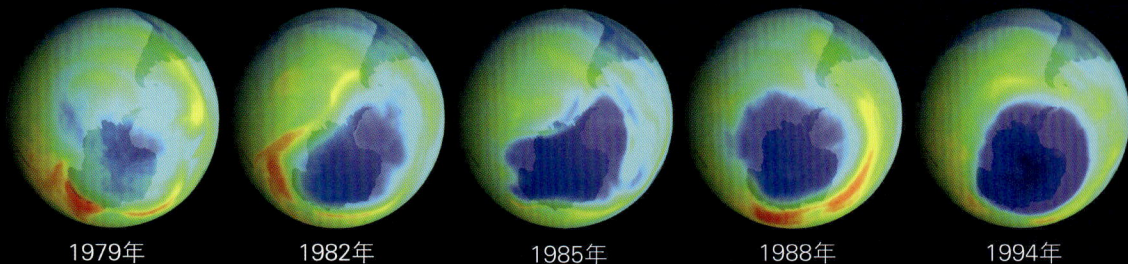

1979年   1982年   1985年   1988年   1994年

30 000

这是每个氯原子可以摧毁的大气中臭氧分子的数量。

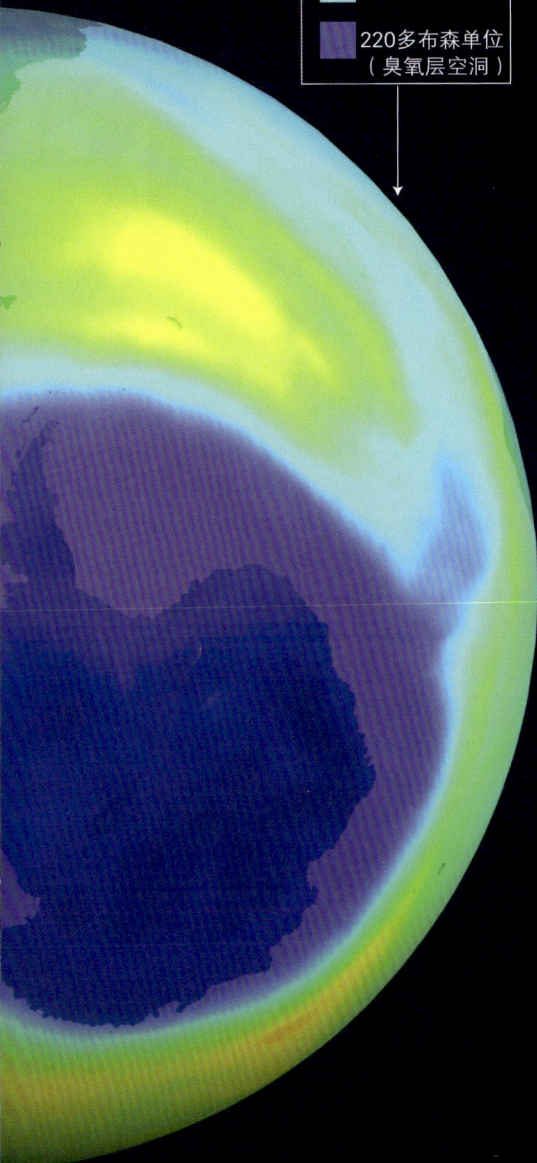

- 350多布森单位
- 320多布森单位
- 285多布森单位
- 220多布森单位（臭氧层空洞）

致命的攻击

虽然科学家们曾经认为，臭氧层的削弱是自然原因造成的，但是很快他们就发现，某些人造气体的排放能对臭氧层造成高度破坏，但是目前尚不能准确得知破坏到什么程度。

氯氟烃

20世纪30年代发明了氯氟烃，这是一种碳氢化合物的衍生品，其中的氢原子被氟原子和氯原子取代了。多年来，由于其低毒性及稳定的物理和化学特性，它们一直被当作理想的制冷剂、灭火剂以及气溶胶推进剂。但是，后来有人发现，它们对臭氧层有很强的破坏作用。

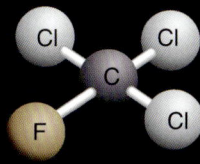

大气中氯的来源

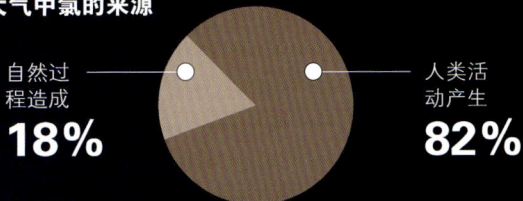

自然过程造成 **18%**

人类活动产生 **82%**

一线希望

臭氧层中的臭氧含量急剧下降引起了多方的关注。1987年，191个国家签署了蒙特利尔议定书，议定书规定，签约国有义务减少对臭氧层造成影响的气体的排放量。这个议定书被认为是全球保护环境斗争的第一个成功案例。

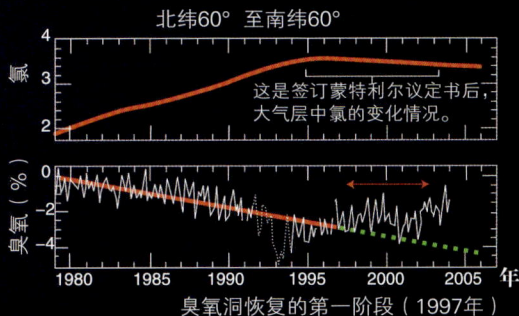

北纬60° 至南纬60°

这是签订蒙特利尔议定书后，大气层中氯的变化情况。

1980　1985　1990　1995　2000　2005　年

臭氧洞恢复的第一阶段（1997年）

3毫米

这是在理想的气压和温度条件下，全世界被隔离出的臭氧层的厚度。

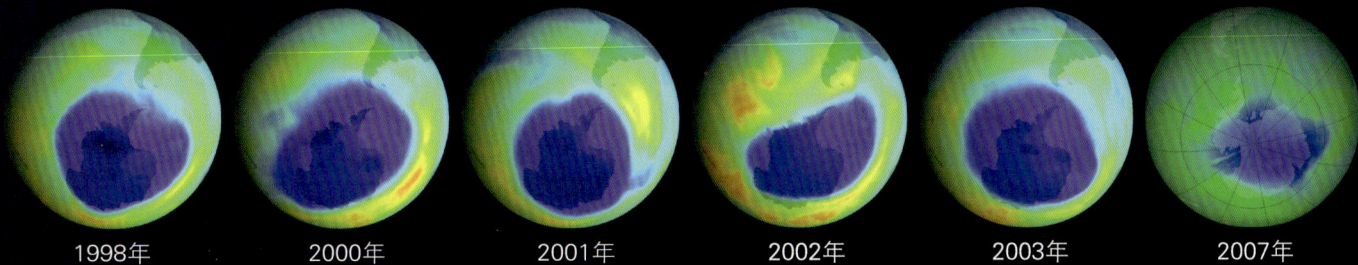

过程

1. 臭氧分子和氯氟烃的分子同时存在于大气层的高空中。

臭氧　氯氟烃

2. 紫外线辐射分解了氯氟烃分子，使其中的1个氯原子变成自由原子。

紫外线

3. 高活性的氯原子分解了臭氧分子，并与1个氧原子结合。

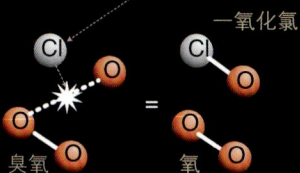

一氧化氯

臭氧　＝　氧

4. 大气中处于游离状态的氧原子也具有高活性，它分解了一氧化氯分子，再次使氯原子成为自由原子。

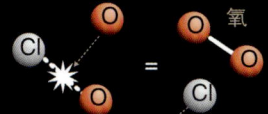

氧

＝

5. 自由的氯原子再次攻击新的臭氧分子，重复原来的过程。

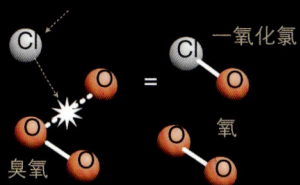

一氧化氯

臭氧　＝　氧

1998年　2000年　2001年　2002年　2003年　2007年

生物多样性的消失

科学家们得出了一个令人不安的结论：由于人类的活动，每天世界上都有一定数量的物种灭绝。这些灭绝的物种，有的已经进化了数百万年，但却在短短的几十年间就消失了。许多物种或许含有对人类有益的珍稀物质，但却永远无法被破解了。此外，生物多样性的消失，是使生态系统变得更加脆弱的因素之一。●

灾害的成因

▷ 人的行为直接或间接地破坏了生态系统以及其中的物种。

近年来研究人员认识到了一个令人担忧的事实：一个生态系统中，生物多样性越匮乏，当它面对外部变化时，就越容易受到破坏。

直接攻击
这是指人类的某些行为指向特定的物种，将它们置于一个不稳定的状态或赶尽杀绝。例如捕鲸、挖取棕榈心和过度采摘兰花。

间接攻击
这种攻击更具有灾难性，并且更加难以测算。它通过改变环境或破坏物种的栖息地使其大规模的消失。例如密集耕作、污染河流、开发荒地、建筑水坝等。有时，一个进入当地生态系统的外来物种会对当地的物种带来致命的威胁。

90%

这是生活在热带雨林中的小型土壤动物（主要是昆虫）物种所占的比例，虽然热带雨林只覆盖了7%的地球表面。

不确定的未来

▷ 联合国发表的一项研究报告列出了在2050年前可能会造成物种消失的各种假定因素。这项报告是根据世界的发展进程制定的，其各种假设分别以世界的市场经济、安全、政策和可持续发展性为优先考虑因素。

主要物种的丰富程度指数

2000年

- 低于50%
- 50%~60%
- 60%~70%
- 70%~80%
- 80%~90%
- 90%~100%

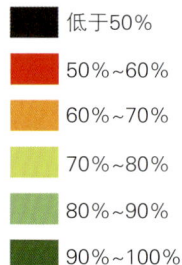
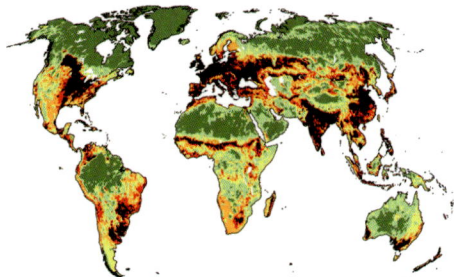

主要物种丰富程度减少的指数

2050年 · 如果优先考虑经济因素的影响

- 等于或高于25%
- 20%~25%
- 15%~20%
- 10%~15%
- 低于10%

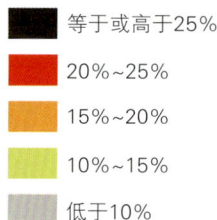
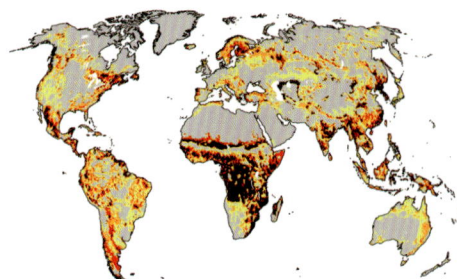

120

这是目前制药公司需要从约90个生物物种中提取原料来生产的药品的大致种数，其中许多物质不能人工合成。

1989年宣布捕鲸禁令时，有些鲸种的数量已经减少了90%以上，濒临灭绝。

最弱势群体

根据国际自然保护联盟的数据，目前共有16 306种濒危物种（这个数字当然不包括处于危险之中的未知物种）。

红色警报

以下这些物种，尽管仍可能是活标本，但几乎已没有挽救的可能性。

- 伊比利亚猞猁（西班牙猞猁）
- 巴斯塔德箭筒树（皮氏芦荟）
- 科摩罗黑飞狐（科摩罗狐蝠）
- 赛加羚羊（高鼻羚羊）
- 阿内加达地鬣蜥（安那吉达岛鬣蜥）（圆尾蜥）
- 三条纹潮龟（咸水泥彩龟）

- 丹巴怪鱼（玛莫拉宝石鲷）（斑副热鲷）
- 地林扎森林风车（疣灯藓属植物）
- 一种喀麦隆兰花
- 茂宜菊（晚霞菊）
- 泊克姆树（金合欢属树）
- 北方毡状青苔（北方毡状地衣）

- 灰鲸
- 侏儒猪（倭野猪）
- 樱花霓虹鲹（萨氏粗背鲹）

已消失的物种

一个物种的消失是自然界的悲剧，也是一群具有独特的、不可复制特性的生物的终结。在过去的2 000多年中，人类的行为已经造成不计其数的物种灭绝，其中有记录的灭绝物种有1 000多个。

金蟾蜍（蟾蜍属）（环眼蟾蜍）

这种小型两栖动物居住的区域非常有限，主要生活在哥斯达黎加的蒙特沃德热带雨林的北部。这个物种最后的活标本出现在1989年。科学界认为，其灭绝是由气候变化造成的。

优先考虑政策因素的影响

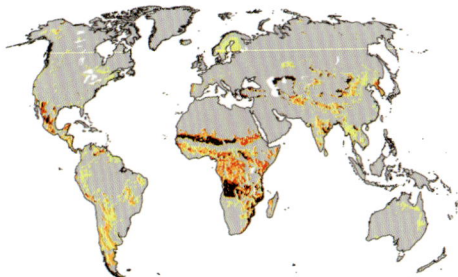

优先考虑安全因素的影响

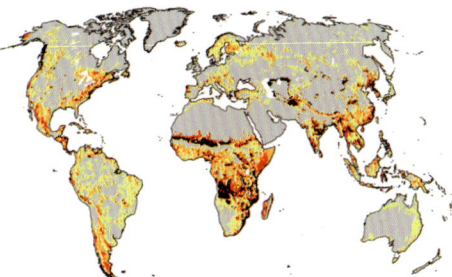

优先考虑可持续性因素

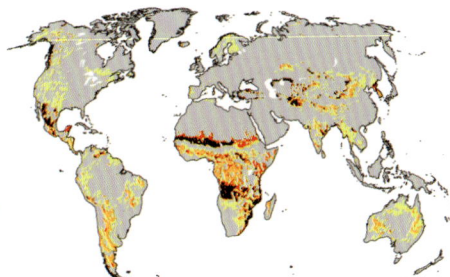

寻求解决方案

人类怎样才能在使用地球资源方面更具有可持续性呢？首先，许多专家提出逐步转向使用新能源的模式，用太阳能、风能、电动汽车、生物燃料，最大程度地取代目前使用的化石燃料能源，这有助于防止环境继续受到污

前卫
并非所有的房屋都看起来
很相像。从这张照片上可
以看到这种新型的草皮房
子的起居室。

染，同时预防全球持续变暖。而设计合理
的、可持续发展的城市构架则是另一个优选
项。我们需要考虑到，最适宜居住的城市不
是那些汽车是唯一交通工具的城市，而是那
些可以让人们出行时少开车，鼓励使用公共
交通工具、骑自行车或步行的城市。●

生物燃料

石油的储备是有限的，而且不均匀地分布在世界各地。正是因为这些原因，利用农作物生产碳氢化合物燃料一直是一个梦想。今天，这个梦想已经成为现实，目前已有在汽油中加入不同比例的乙醇（从农作物中衍生出来的）和生物柴油（用用过的植物油制成）的成品。但是，这个梦想的实现却也出现了一些问题，生物燃料并不是那么"绿色"，它对社会和环境也有一些意想不到的负面影响。●

在加油之前

▶ 传统的汽油与生物燃料的不同在于其原料，也在于它的社会效应。

传统的汽油

传统的汽油是通过对石油的蒸馏加工生产出来的，而石油则来自地下矿藏。

当汽油燃烧时，会将大量的温室气体和其他污染物释放到大气中。这是一种不可再生资源，有一天会被用光。

生物乙醇

它是由淀粉或糖生产出来的，这些原料分别可以在玉米和甘蔗里找到。

通常用在与传统汽油掺和制成的混合物中，最常见的是E10（含10%的乙醇）和E85（含85%的乙醇）。

不过，它的污染程度并不比传统的汽油低。如果把制造生物燃料的过程也考虑进来，生物燃料会释放出更多的易挥发有机化合物（VOCs）。

此外，将农作物转而用来生产生物燃料会促使粮食价格上涨，从而增加社会不安定因素。

生物柴油

这是一种柴油燃料，其原料来源可以是任何动物或植物的脂肪，甚至包括煎炸食用用的油。

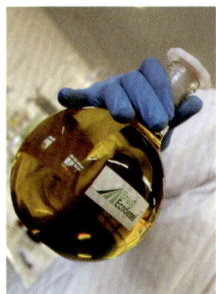

即使燃烧中释放出的碳会被用于生产生物燃料的植物重新吸收，但是在生产生物燃料的过程中，为其提供动力的农业机械和工业生产所用燃料的燃烧过程仍然会释放出碳。

生物柴油在各种浓度下都可以使用，它可以以100%的浓度与传统的柴油混合，但是要燃烧100%浓度的生物柴油的话，需要对发动机进行改良。

同生产生物乙醇一样，大规模地生产生物柴油会对社会和环境造成重大的影响。

答案

当通过工业管理可以高效、廉价地用纤维素生产生物燃料时，人类将大规模地向生物燃料过渡。绝大多数权威机构都认同这个观点，因为在所有的植物中都可以找到纤维素。

生物乙醇的来龙去脉

▶ 甘蔗、甜菜、玉米、丝兰、土豆，甚至木材都可用来生产乙醇，但有些原料与其他原料相比，可以被更有效地利用。用纤维素制取乙醇是最理想的。

乙醇生产（2006年）

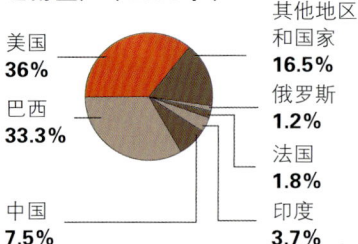

- 美国 **36%**
- 巴西 **33.3%**
- 中国 **7.5%**
- 其他地区和国家 **16.5%**
- 俄罗斯 **1.2%**
- 法国 **1.8%**
- 印度 **3.7%**

① 生产
一旦种植的玉米成熟了，就被收割下来。

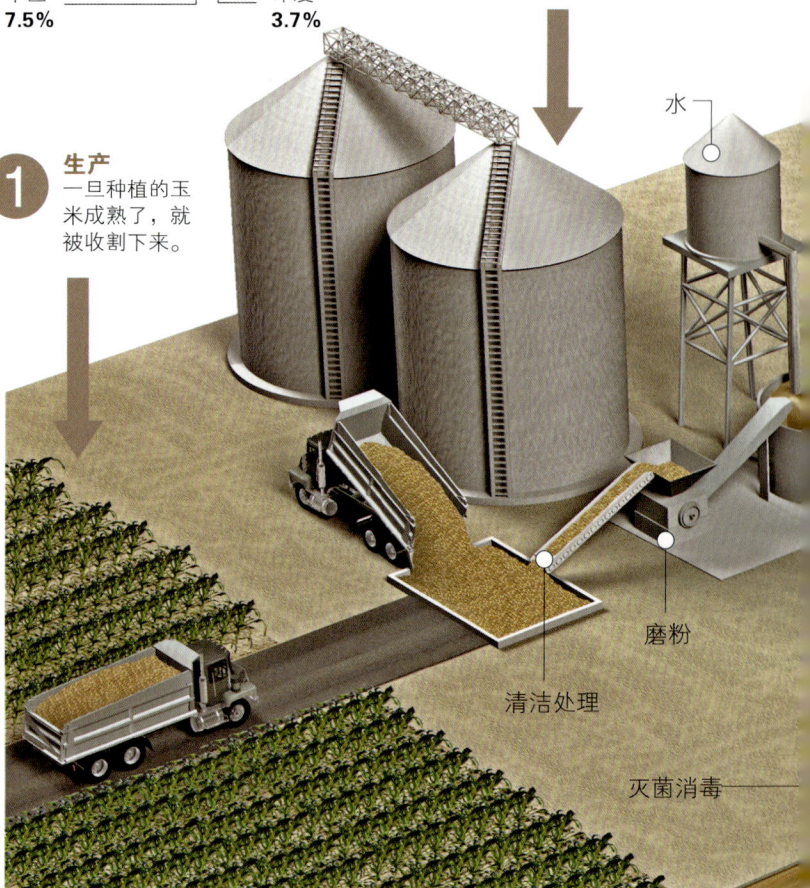

② 磨粉
玉米粒被磨成粉。将磨好的粉与水混合，加入一种酵素，使淀粉浆转化为可发酵的糖（如果用甘蔗生产乙醇，这一过程就不需要了）。

水

磨粉

清洁处理

灭菌消毒

玉米粒

胚芽
是玉米粒最有价值的部分，也是唯一有活性的部分。胚芽含有多种维生素和矿物质，其含油量为25%。

外皮
保护种子不受水、昆虫和微生物的侵袭。

胚乳
大约占玉米粒干重的70%，它含有的淀粉是生产乙醇的关键物质。

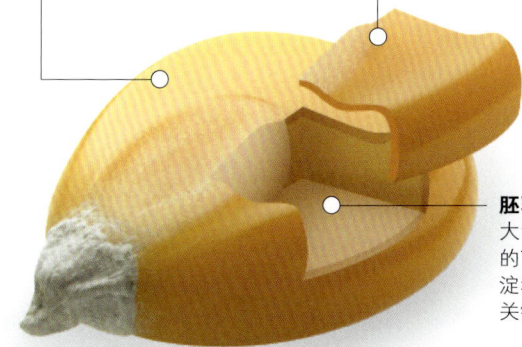

副产品
乙醇生产有几种副产品：产生的部分二氧化碳可用来生产碳酸饮料；被称为"耗材"的残留物，非常有营养，可以用来喂牛。

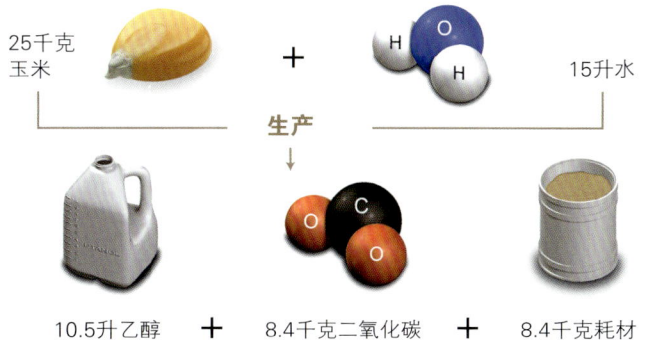

25千克玉米 + 15升水

生产

10.5升乙醇 + 8.4千克二氧化碳 + 8.4千克耗材

3 蒸汽锅
将混合物放置在约150℃的蒸汽锅内，进行灭菌消毒，然后用冷水冲洗。

4 发酵
加入发酵剂，将糖转化成乙醇。这个过程会产生热量和二氧化碳，持续时间约为48小时。然后产生被称为"啤酒"的混合物，其乙醇含量大约是15%。

5 蒸馏
对混合物进行蒸馏，以获取纯度为96%的纯乙醇，然后用分子筛提取纯度接近100%的乙醇。出货前，将它与浓度约为5%的变性剂（如汽油）混合，使其不能被饮用。

140
这是2008年美国正在运转的生产生物乙醇的工厂数量，另外还有60家工厂正在建设中。相比之下，2000年仅有60家。

6 消耗
用于汽车的汽油可以按几种不同的比例添加乙醇。使用乙醇含量在10%~25%的汽油时，发动机不需要经过任何特殊改装。

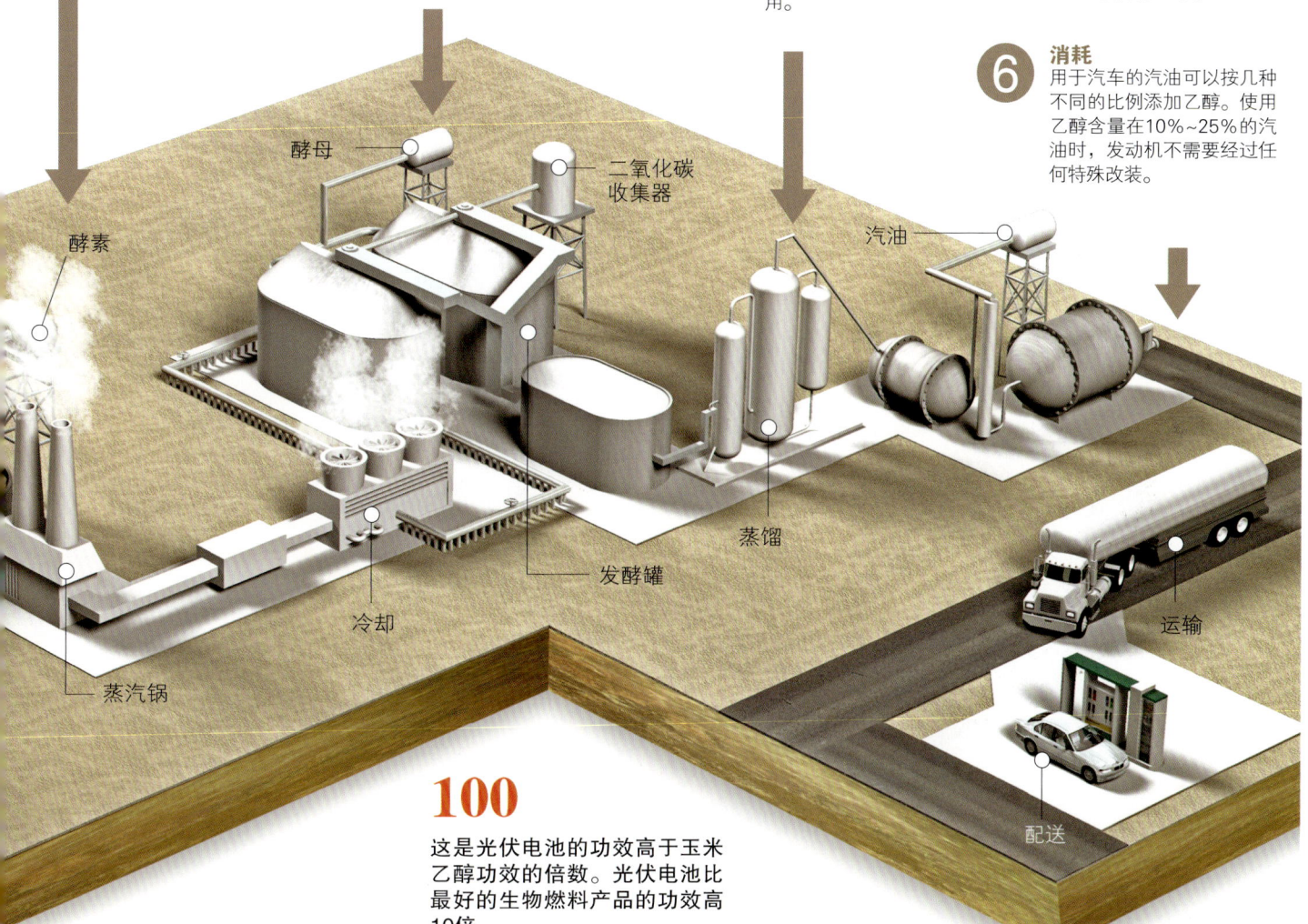

酵母

二氧化碳收集器

汽油

酵素

蒸馏

发酵罐

冷却

蒸汽锅

运输

配送

100
这是光伏电池的功效高于玉米乙醇功效的倍数。光伏电池比最好的生物燃料产品的功效高10倍。

绿色汽车

全世界向大气中排放的温室气体中有超过1/4来自汽车以及其他使用碳氢化合物为其主要能源的交通工具。多年来，独立的研究人员以及各大汽车公司都在寻找可替代能源，以生产出"绿色"汽车。目前这一研究已经取得了重大进展，特别是在电力推进系统、氢电池和太阳能等方面。这一类运输工具的发展蓝图已经绘就，但由于某些原因（如特殊利益和技术难题等），长时间以来这一计划总是走走停停。●

氢能

使用氢燃料电池来驱动电动机，是最有前途的技术之一。

挑战
虽然燃烧氢所产生的废弃物（水蒸气）对环境无害，但氢燃料的生产很复杂。生产纯氢需要电力，而电力生产往往需要燃烧煤（一种有污染的碳氢化合物）。为克服这一难题，或许可以用风能代替煤来发电。

燃料电池
它们利用氢和氧发电。

转换器
将直流电转变为交流电。

散热器

每小时170千米
这是由荷兰学生制造的太阳能轿车"努娜2号"所能达到的速度，"努娜2号"是世界上最快的太阳能汽车。

氢入口

排气管
带走燃料电池产生的水蒸气。

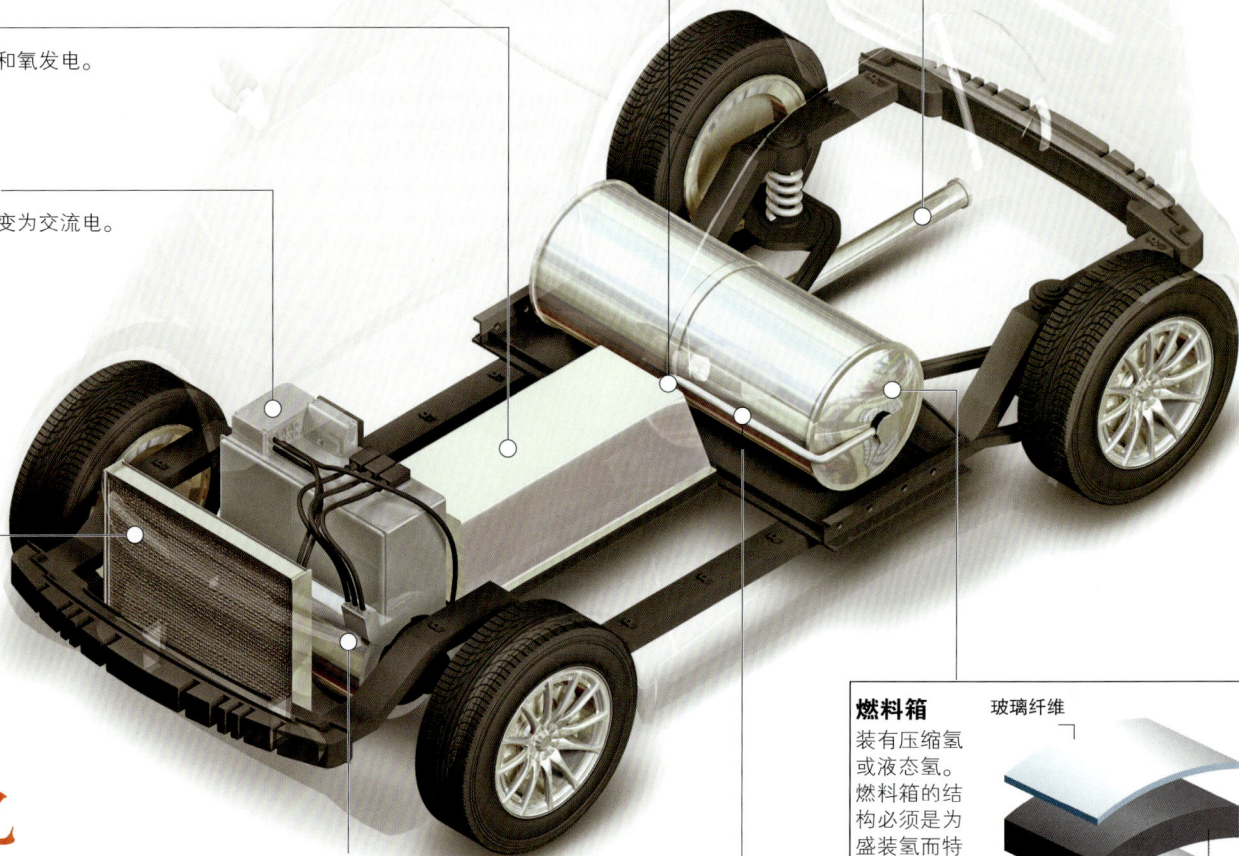

燃料箱
装有压缩氢或液态氢。燃料箱的结构必须是为盛装氢而特别设计的。

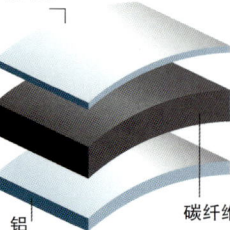

玻璃纤维

铝

碳纤维

12亿
这是预计到2030年，全世界的汽车数量，将是今天全球汽车数量的两倍。

电动发动机
带动车轮转动。

燃料管线
通过它们把燃料箱中的氢运送到燃料电池。

重新面世的电动车

■ 19世纪，第一批用电作能源的、不用马拉的车
的原型被设计出来。今天，出于对环境问题的考
虑，这个几乎被遗忘的技术正在经历着一次重生。

由通用汽车公司（GM）生产的EV1电动车
是电动轿车的象征，它可以在9秒钟内从静
止加速到100千米/小时，并可以靠一次充
电用这个速度行驶130千米。所有的EV1轿
车只限于出租，而不出售，但后来都被通
用汽车公司召回并销毁了。

电池
存储化学能量，并
将其转换为电能。

电动发动机
它带动车轮转动。

今天，大多数汽车公
司都正在研发电动汽
车原型，有的产品已
经开始推向市场。

电源插口
是为电缆插头设计的，
用来给电池充电。

太阳能电池
它们将太阳光转换成能
量。

让太阳成为能量的来源

■ 用太阳能作汽车的动力似乎是个完美的解决方
案。然而，在开发太阳能汽车的过程中，从技
术难点到高成本，处处都是障碍。

从太阳光到电能

目前，大多数的太阳能汽车都遇到了自给自足的严
重技术问题和成本问题。当前，这一领域的工程师
们主要考虑的是机械问题，而不是乘客的舒适度问
题。因此，这种车很少有超过一个座位的。

它是如何工作的？

○ 光子
● 电子(−)

电流

1 太阳光照在电池板上，
高能量的光子撞在电子
上，使电子"跳"向电
池板发光的表面。

2 电子（带负电荷的粒子）
使电池板发光的表面呈负
极。因此，它们在电池板
不发光的一面留下了一个
洞。电池板的这一面获得
了正电荷，并形成一个正
极。

3 当电路闭合时，就会形
成一个电子流或电流，
从负极流向正极。

4 只要太阳照射电池，该
电流就会持续流动。

电动机
它带动车的车轮
转动。

电池
它存储由太阳提供的
能量。

新农业

大约12 000年前，人类发明了农业，开始生产自己的食物。人类意识到，如果发展适当的技术，就可以提高耕地的生产力，收获更多的粮食。他们还了解到，越密集地耕作，土壤耗损就越快，土地的肥力流失得也更快。新的农业技术可以解决这两个问题，但是能够解决所有农业难题的方法仍在探索之中。●

疏耕养田

传统的田间工作（特别是犁地和耙地）可以迅速使土地变得更加肥沃，但是长期的耕作，也会令土壤的养分耗尽。新兴的农业技术提出将农活减到最小程度。为保护土壤，要避免反复犁地和耙地的过程。

传统农业

传统农业包括犁地、耙地等工作，这可以在短时间内提高土地的肥力，有效地控制杂草生长。但随着时间的推移，土壤会变得越来越贫瘠，以致无法使用。

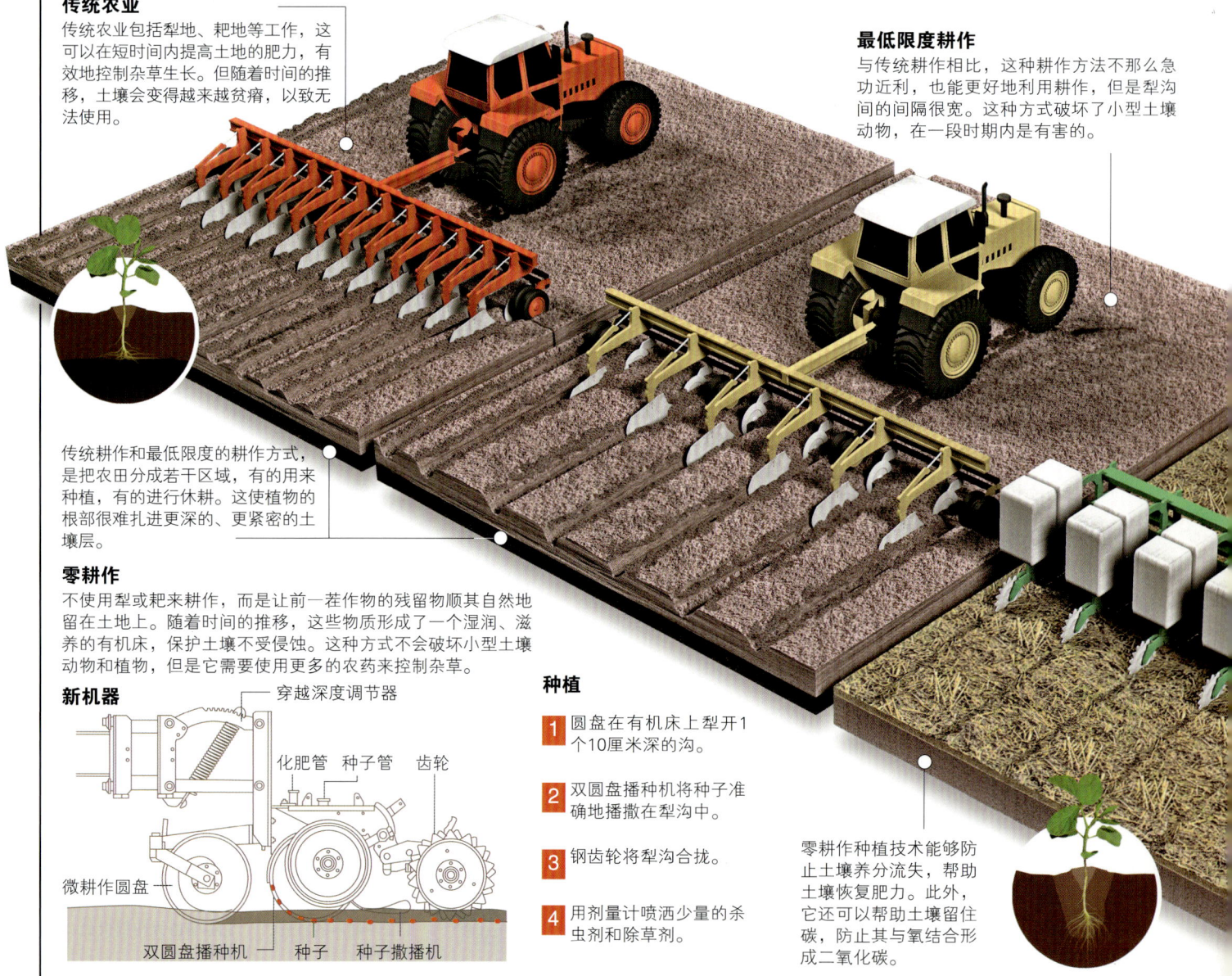

386亿美元

这是2007年全球有机食品的市场产值，比2006年增长近15%。

最低限度耕作

与传统耕作相比，这种耕作方法不那么急功近利，也能更好地利用耕作，但是犁沟间的间隔很宽。这种方式破坏了小型土壤动物，在一段时期内是有害的。

传统耕作和最低限度的耕作方式，是把农田分成若干区域，有的用来种植，有的进行休耕。这使植物的根部很难扎进更深的、更紧密的土壤层。

零耕作

不使用犁或耙来耕作，而是让前一茬作物的残留物顺其自然地留在土地上。随着时间的推移，这些物质形成了一个湿润、滋养的有机床，保护土壤不受侵蚀。这种方式不会破坏小型土壤动物和植物，但是它需要使用更多的农药来控制杂草。

新机器

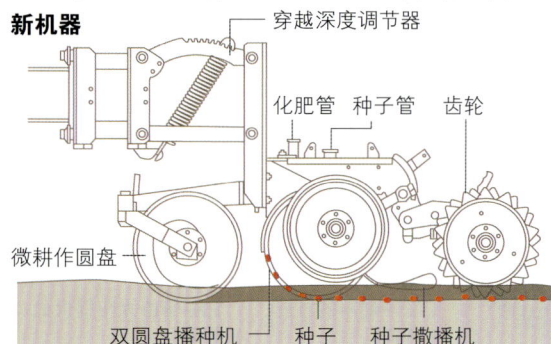

穿越深度调节器

化肥管　种子管　齿轮

微耕作圆盘

双圆盘播种机 — 种子 — 种子撒播机

种植

1 圆盘在有机床上犁开1个10厘米深的沟。

2 双圆盘播种机将种子准确地播撒在犁沟中。

3 钢齿轮将犁沟合拢。

4 用剂量计喷洒少量的杀虫剂和除草剂。

零耕作种植技术能够防止土壤养分流失，帮助土壤恢复肥力。此外，它还可以帮助土壤留住碳，防止其与氧结合形成二氧化碳。

精准农业

可以通过使用全球定位系统（GPS）来提高农田的生产力。

装备有GPS系统的收割机可以绘制出作物产量地图。这张地图可以准确地显示收益率相对较低的地块，并分析出其水或肥料不足的具体情况。随后，低产地块的用肥和用水量就可以作出修改，从而提高农庄的整体效益。

图片显示了不同地块玉米田的产出情况。使用GPS提供的信息，农民能够进行必要的调整，以最大限度地提高整块玉米地的产量。

零耕作的主要问题是，当土地的肥力提高时，杂草和害虫也会相对增加，这就需要使用农用化学品来控制它们。杀虫剂和除草剂会产生不良的影响，它们所含的成分是河流和地下水的污染源。

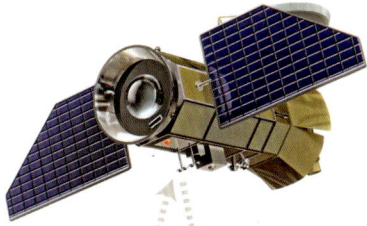

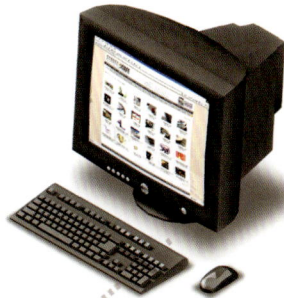

高产量

低产量

全球范围内使用零耕作技术种植庄稼的土地面积为

1亿公顷。

有机农业

另一种流行的趋势是有机农业，也就是说，耕作时不使用化肥或人造杀虫剂。有机农业采用天然的策略进行施肥和病虫害防治。

天然肥料
使用天然或有机肥料来替代化学肥料。

作物联盟
在有机农业中，人们经常会让某些农作物与有利于它们的物种（如昆虫）结成对子。例如，有些物种能够提供相关联的农作物所需的营养物质，有些则可以帮助它们防治害虫。

生物防治
除了作物联盟外，以田间害虫为食的昆虫也可以被有效地利用。

轮作
多种农作物季复一季地循环轮作，既避免了土壤中某种特定养分的持续消耗，也打破了杂草和害虫的生物周期。

尽管有机食品吃起来更健康，且不损害自然环境，但是它们对消费者来说更加昂贵，而且需要复杂的计划生产。

转基因农作物

尽管转基因食品在全球范围内一直受到争议和反对，但是它却给美国、巴西、阿根廷等国家带来了实惠。这些经基因处理过的品种具有新的品质，在市场和销售中更有竞争力。

什么是转基因生物？
这种有机生物没有"自然"样本，是人类将一种基因植入某种生物的体内产生的。被植入的基因给原来的有机体带来了某种特殊的品质，例如，转基因后的母牛产出的牛奶中有某种特定的药物，转基因后的植物具有了抗除草剂的能力。

为了"制造"一个转基因品种，首先需要利用细菌繁殖出一个理想的基因；然后，利用病原体将基因植入相关的植物或动物细胞中；最后这些细胞发展成转基因生物。

它们如何与众不同？
转基因作物具有鲜明的特质，如可长期保存的西红柿和不怕风吹的矮向日葵。另一个例子是转基因大豆，它可以抵制杀虫剂。

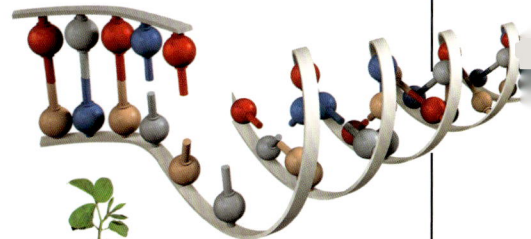

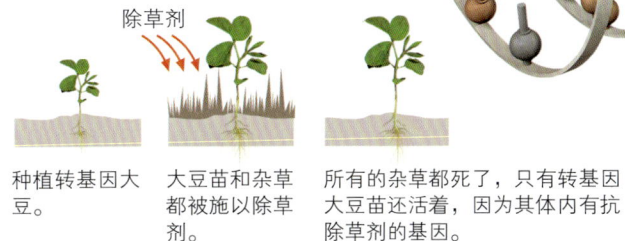

除草剂

种植转基因大豆。

大豆苗和杂草都被施以除草剂。

所有的杂草都死了，只有转基因大豆苗还活着，因为其体内有抗除草剂的基因。

转基因作物的批评者指出，转基因食品对人体的长期影响还是个未知数，而这些可以抵抗某些特定杀虫剂的转基因作物，却将农民锁定在了特定公司的产品上。可是，权衡利弊之后，这些作物的好处似乎显而易见。实际上，如果没有这类作物的高产出，今天世界上的一部分人将无法生存。

污水处理

据联合国统计，全世界大约50％的人生活在没有完善的污水处理系统的地区。这种情况是非常严重的，因为未经处理的污水和工厂废水的排放，明显提高了可预防疾病的死亡率。特别是在欠发达的国家，这是儿童死亡率上升的原因之一。污水处理的主要困难是成本很高，而且需要训练有素的人员。●

处理

在发达国家，被污染的水通常是要经过处理的。也就是说，水在排放之前，必须经过处理和过滤，达到卫生许可的标准。在某些情况下，水干净得足以饮用。

黑水

这一术语指的是污水。它包含了大量的有机物和病原体，特别是各种细菌。

灰水

这个术语是指流经城市的雨水和家用废水，如打扫房间用过的水。灰水不应与黑水混在一起。

工业废水

工业生产过程中排放的水可能包含有毒、甚至致命的物质。一般根据污水中所含的不同物质，采取不同的处理措施。

过程

处理分为三个阶段：

- 一级处理（沉淀固体物质）
- 二级处理（浮动固体物和经沉淀固体物的生物处理）
- 三级处理（其他的方法）

1 民用污水流入下水道系统。

2 隔栅挡住大块物体，如树枝、碎布、包装材料及其他杂物。

1 000万

这是每1克人类的粪便中可能生存的病毒数量。此外还有约100万个细菌、100个包囊和100个寄生虫卵。

从废水中分离出的生物固体物质，可以转换成肥料或者焚烧掉。

4 在初级沉淀池中，塑料、油脂、粪便和其他有机物碎屑从废水中分离出来。该处理后产生的均匀液体就可以进行生物处理了。

3 在分离室，通过离心力和重力，将沙子和砂砾与液体分开。但是，水中的有机物质仍然存在。

生物固体

污水处理产生的污泥含有固体有机碎片。为消除其中的病原体和其他疾病因子，这些生物固体被分开处理，处理后它们可以作为肥料被再次使用。

5 废水到达生物过滤器。这一步将使用一系列的工艺和机械设备，但是最主要的是要让废水通过一层由岩石和其他物质组成的底土层。在底土层中，好氧性细菌和厌氧细菌会分解有机物质，如肥皂、油脂、洗涤剂和食物等。

6 活性污泥设施利用溶解在水中的氧促使微生物生长，以分解有机物质。

潟湖污水处理

有一种廉价的自然处理方式，即利用人工潟湖的水来帮助稳定有机物。这种物质经过发酵、腐败和氧化，最后被水中的生物体消化。这种系统的主要缺陷是处理污水的周期比较长，至少需要4个月的时间。

工业废水

工业生产过程排出的水要经过哪些处理，取决于这些废水被排放之前的应用领域。工业废水中可能含有多种污染物，其中包括剧毒物质，未经处理的来自工厂的污水往往被认为是地表水和地下水最严重的污染源。

7 在水的排放处，如果仍有留在水中的氮、磷及其他营养物质，就可能会加速当地微生物和藻类的生长。因此，一道经过精确控制的细菌处理过程会移除这些营养物。处理后的水有可能还会经过氯或紫外线辐射的消毒程序。

8 经处理的水被排放后，还要跟踪监测，看是否会出现影响环境的迹象。

26.4亿

这是根据联合国统计，2000年世界上生活在没有污水处理或污水处理体系不完善地区的人口的数量。

70%

这是根据联合国教科文组织统计，全球范围内没有经过任何处理就被排放出的工业废水所占的比例。

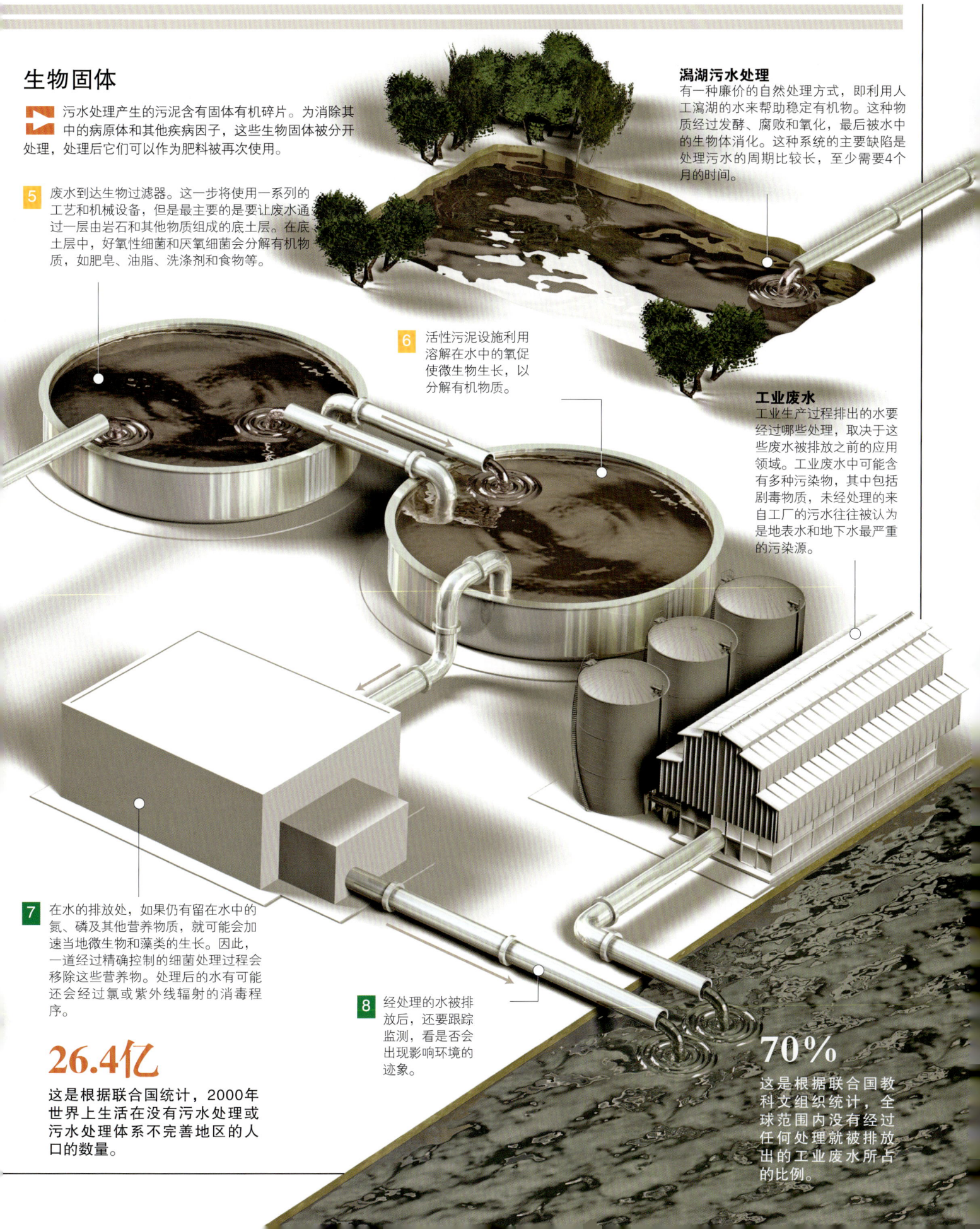

生态住宅

自从人类离开洞穴开始建筑自己的房屋，在设计和施工中，他们首先考虑的是安全性和舒适性。现在安全性和舒适性已经达到了相当高的水平，人们越来越多地关注他们的房屋和其他建筑物如何与环境和谐相处，如何更有效地利用自然资源。很多计划和方案都可以改善这种状况，它们都更倾向于采用优质的材料，可回收利用，创建绿色建筑，并自给自足。●

太阳和木材

生态住宅的基本原则中有两项同采用可以被生物降解的材料和利用太阳能（清洁的可再生能源）来解决房屋的供暖和能源问题有关。

菜园
家庭有机菜园，用生物降解后的生活垃圾残渣作肥料，可以确保供应健康、新鲜的蔬菜，而不使用农用化学品。

周边环境
绿色房屋的规划需要特别注意房子所在地的环境。无论是在干燥的气候、潮湿的气候、多风的地方，还是高（低）海拔的地方，针对具体的情况都会有具体的设计方案。

特隆布墙加热系统
这种用玻璃窗与室外隔离的墙，是为供暖而设计的，它的深色表面可以吸收太阳辐射。

在墙和玻璃之间形成了一个暖气空间，空间内的空气被加热后上升，并在房子周围循环，向建筑物内部散发热量。夜晚，这层玻璃还有助于减少热量的损失。

阀门

房子内部   房子内部

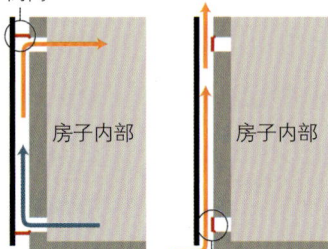

天气炎热时，阀门状态就会切换。

节能灯
这种灯用惰性气体取代金属灯丝，当电流通过时，惰性气体就会发光。这种灯的用电量比白炽灯泡少很多。

30%
这是用电供暖的功效，其大部分潜在能量都丧失了。

太阳能供暖可以减少能源消耗。

高品质的材料
多层结构刨花板，无论其中有没有气隔，都不需要使用黏合剂。它们使用后还可以被回收利用，是盖房的合适材料。

房子的朝向

如果可能，房子的主要窗户和所有太阳能供热系统都应该朝南。夏季，太阳会照在东面和西面的墙上（这两面墙可以采用少有敞开口的设计），冬季，太阳在北半球天空上的位置比较低，朝南的墙壁会获得较多的阳光。（在南半球，主要窗口应该朝北，而不是朝南。）

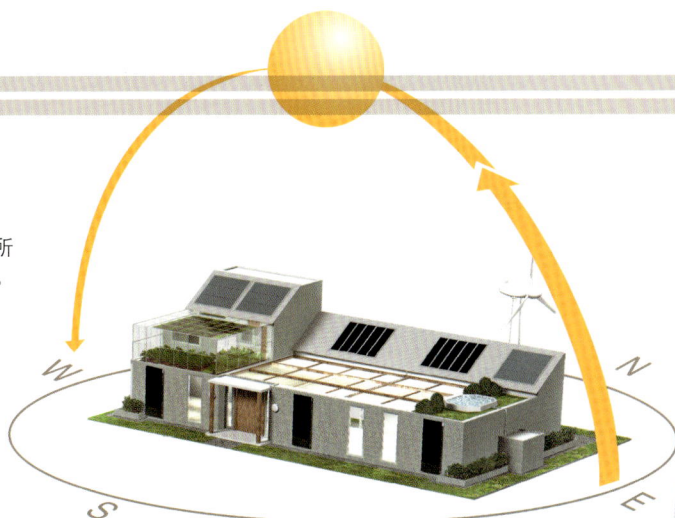

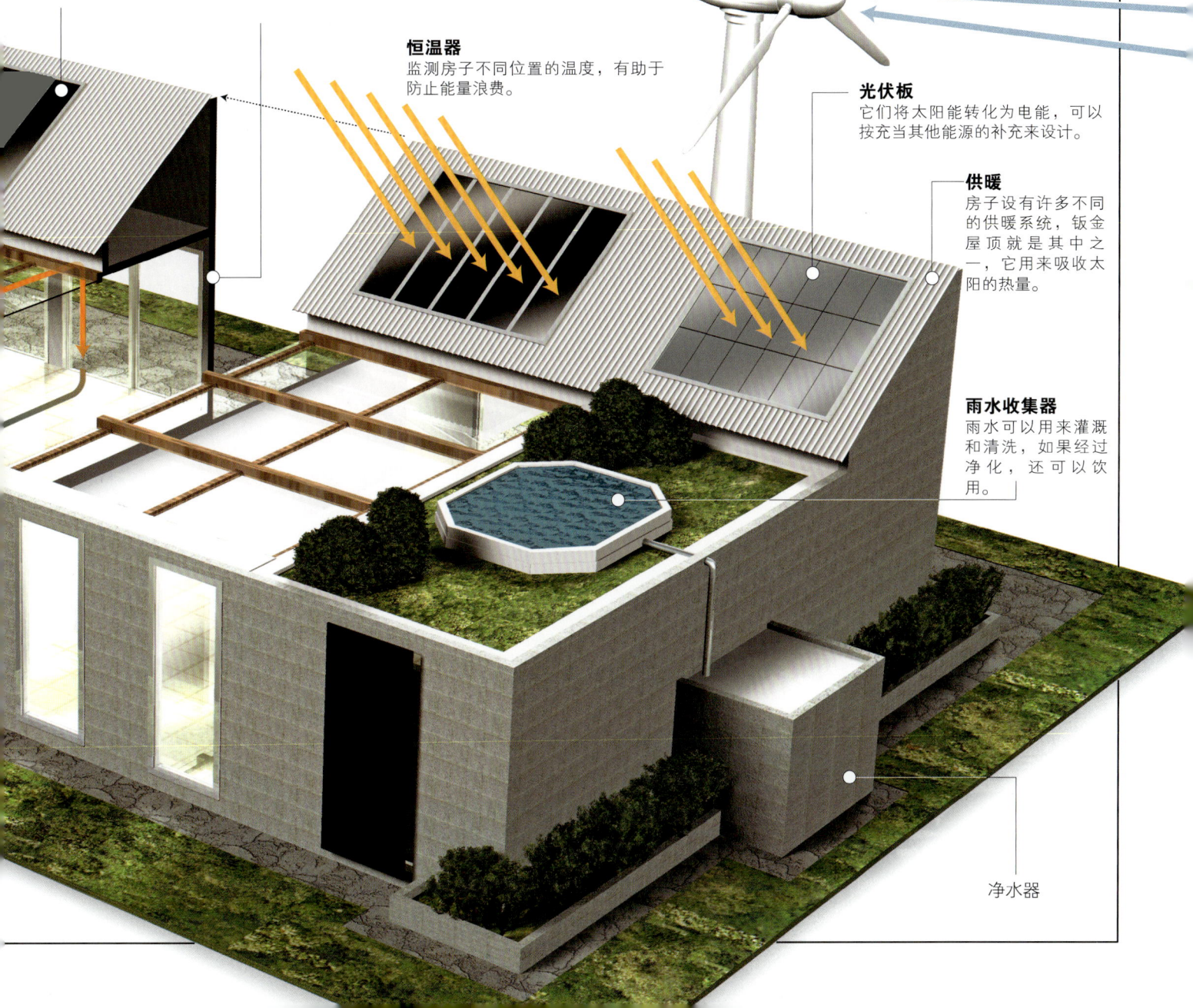

回收

垃圾

将垃圾进行分类。有机物质可以利用生物降解进行循环再利用；无机废物（如玻璃、金属和塑料）也可以分开进行再循环处理。

生物降解系统

生物降解系统中的微生物将有机废物转化成可燃气体，可以用来做饭和供暖。有机体产生的残渣可以作为肥料，用在院子或菜园里。

水过滤器和净水器

用于水循环回收利用，它们甚至可以把水槽和淋浴用水变成饮用水。根据净化的程度，再循环水可用来灌溉、清洗或饮用。

热交换机

这些面板能够利用太阳能加热水，加热后的水可用于房子的供暖。

涂料及墙面处理

通常采用挥发性有机化学物含量较低的涂料，这样对环境的危害会小一些。

风力发电机

将运动的空气能量（伊欧里斯能量）转化为电能。一个小型风力涡轮机可以为几个高功率电灯、一台冰箱和一台收音机或电视机提供足够的能源。

恒温器

监测房子不同位置的温度，有助于防止能量浪费。

光伏板

它们将太阳能转化为电能，可以按充当其他能源的补充来设计。

供暖

房子设有许多不同的供暖系统，钣金屋顶就是其中之一，它用来吸收太阳的热量。

雨水收集器

雨水可以用来灌溉和清洗，如果经过净化，还可以饮用。

净水器

生态城市

全世界大约有200座人口超过100万的城市，预计在25年内，世界上将有2/3的人生活在大城市。这一趋势可能引发的对环境的冲击，引起了各方对城市的特别关注。城市会产生大量的污染物，是地球上生态环境最差的地方。针对这一问题，一些将现有城市转变为绿色城市的首批规划问世了。规划中的城市更清洁，并且能够自行运转。●

H2PIA，一座氢气城

一个丹麦专家小组设计了一个使城市更环保、并能自我维持的方案。在这个方案中，城市所需的能源主要是使用太阳能和风能产生的氢。该城市计划在5年内投入运作。

80%
这是马斯达尔通过淡化海水获得的可用水所占的比例。

风能

太阳能电池板

风能

太阳能电池板

氢动力汽车

无电网接入的住宅
这是一个自然环境中的居民社区，这里的住宅不与中央电网相连接，每家每户都使用太阳能电池板和风力涡轮机自己发电。这些自发电中有一部分用来生产氢，以用作汽车的燃料。

东滩建设初期的投资总额为
10亿美元。

东滩，中国的财富

东滩是规划中建在上海一座岛屿上的生态城市，初期人口为1万。到2040年，这座城市的占地面积将是曼哈顿的2/3。

在东滩，80%的垃圾能够回收利用，水将被使用两次，第1次为居民用水，第2次用于灌溉有机农作物。这里的建筑物不会超过8层楼高，所使用的能源只是常规建筑物的1/3。

这座城市的交通设计以骑自行车或步行为主，其能源都来自可再生能源：太阳能、风能、生物质能。

这座城市的经济将建立在教育、研究、旅游和有机农业的基础上。

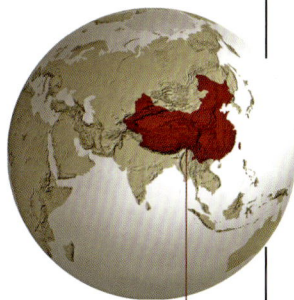

沙漠中的生态绿洲

在阿联酋，一座叫马斯达尔的城市正在兴建中，它被列为世界第一座100%的生态城市。到2015年，它的人口将达到5万。

整座城市计划用围墙围起，以便抵挡沙漠中的风沙；城中小的街道将用太阳能板遮蔽，以便利用太阳能发电。

虽然也有使用磁悬浮的交通系统，但这座城市里的主要出行方式是步行和骑自行车。

这里的垃圾将被回收再利用，水的第2次利用将用于灌溉和生物燃料的生产。

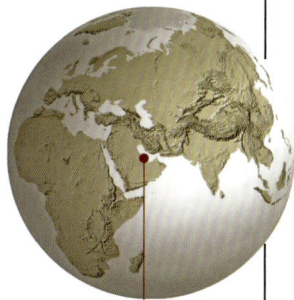

到2040年，东滩的人口数量将达到 **50万**。

H2PIA公共设施

这是中央动力厂的所在地，这里的能源以氢的形式存储，汽车可以来这里补充氢燃料。

有电网接入的住宅

这是一个专为年轻人和喜欢社会活动的人设计的社区。中央电网通过线路，将利用太阳能和风能发的电，传输给这里的居民。

中心区

跟所有的城市一样，中心区有购物中心、公共场所、办公场所和休闲空间。

混合型住宅

这一项目是为那些既要享受绿色空间，又不希望远离城市中心的家庭设计的，它部分依赖电力能源网络。汽车是这种混合住宅的核心要素，当车停在家里的时候，它与电力能源网络相连接，其燃料电池就会发电，帮助平衡家庭能源消耗中来自电网的部分。

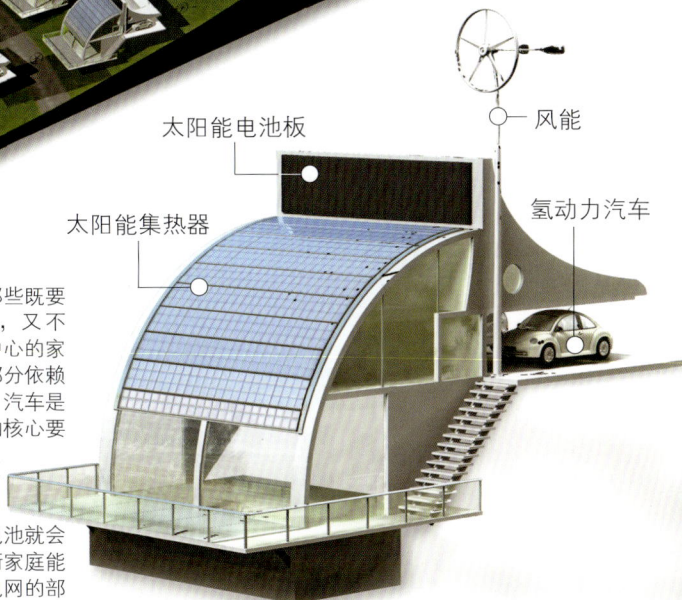

太阳能电池板

太阳能集热器

风能

氢动力汽车

生物防治

整个20世纪，研究人员学会了如何有效地对抗和消灭主要影响农作物生长及耕作方式的害虫和植物疾病。然而，这经常需要环境付出很大的代价，因为绝大多数策略需要使用合成杀虫剂，这不仅杀死了讨厌的有害生物，同时也危害了有益的生物和环境。目前，采用自然资源对抗害虫和疾病的生物防治方法越来越广泛地被应用。只要管理有方，这些方法就会既有效，又对环境无害。生物防治措施的缺点是费用较高，应用程序也比较复杂。●

天然盟友

一种典型的生物防治方法是引入需要根除的害虫的天敌。这需要对当地状况以及那里的自然生态平衡有详细的了解。

除了考虑它是最有吸引力的昆虫之一外，瓢虫也是农民的真正盟友。这张照片上的瓢虫正在吃一只蚜虫，此类蚜虫专门吸取植物液汁，与植物的霉菌感染有关。

它们是如何消灭害虫的？

生物防治的成功取决于正确地使用食虫动物。图片显示了皱肩俑小黄蜂是如何控制寄生在牛身上的苍蝇的。小黄蜂成为苍蝇的寄生蜂，它们生命周期的一部分是伴随着苍蝇的成长生活在其蛹里的。

20万

这是根据世界卫生组织统计，每年死于使用被禁农药而中毒的人数。这种现象在欠发达国家发生率特别高。

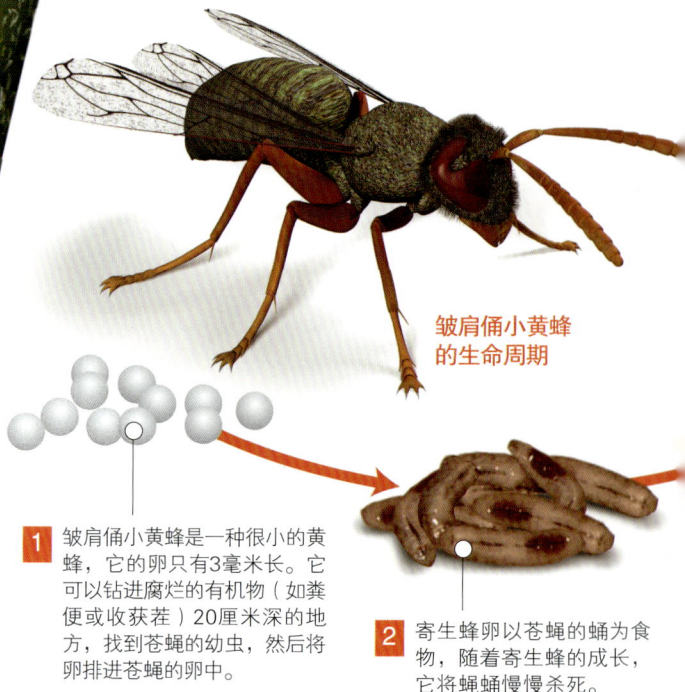

皱肩俑小黄蜂的生命周期

1 皱肩俑小黄蜂是一种很小的黄蜂，它的卵只有3毫米长。它可以钻进腐烂的有机物（如粪便或收获茬）20厘米深的地方，找到苍蝇的幼虫，然后将卵排进苍蝇的卵中。

2 寄生蜂卵以苍蝇的蛹为食物，随着寄生蜂的成长，它将蝇蛹慢慢杀死。

三项策略

引进

这是用来对付由传入害虫带来的危害的。这类害虫在特定地区没有天敌，所以能够迅速繁殖，引入食虫动物就是为了控制害虫。

增加养殖

这项策略的目的是增加害虫的天敌数量，就是人工养殖害虫的天敌，然后把它们放到自然环境中。这种方法在集约农业的封闭系统中特别适用，其主要缺点是成本较高。

保护

与增加养殖的方法类似，这种方法也试图要增加害虫天敌的数量。但与直接养殖不同的是，这种技术需要对环境因素进行管理，使食虫动物以自然的方式增加数量。

风险

缺乏了解和远见，会导致人们采取不负责任的行动。在许多情况下，引进食虫动物进行生物防治会变成一场环境灾难。

19世纪后期在夏威夷发生过一个案例，当地人为了对付老鼠，引进了猫鼬，然而猫鼬却对当地的鸟蛋表现出特别的偏好。由于没有天敌，现在的猫鼬也跟老鼠一样让人头疼了。

寄生蜂在苍蝇的蛹里面成长，长大后在蛹上开1个小孔，从孔里钻出来。每个蛹里出来1只小黄蜂。

3 苍蝇的生命周期被打破，个体的数量就会减少。

成年苍蝇：3~23天

蛹：3~10天

苍蝇的生命周期

卵：1天

幼虫：5~14天

300万吨

这是全世界每年使用的杀虫剂的总量，相当于人均约用0.5千克的农药。

活的武器

有4种主要的食虫动物被用在生物防治中。

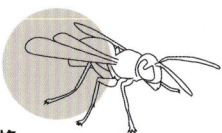

寄生蜂
它们是一种昆虫，其幼虫阶段寄生在受害昆虫的幼虫或蛹里。宿主死后，寄生幼虫长成成虫，从宿主体内出来。

猎虫者
最常见的例子是瓢虫，在其一生中，瓢虫可以吃掉许多害虫（如其他昆虫和螨类）。

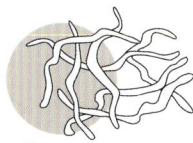

病原体
包括蠕虫、原生动物、细菌、病毒和真菌，可以使需要控制的害虫染病。

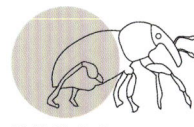

排他掠食者
它们只吃一种特定的害虫。有几种类型的排他掠食者由于只捕食一种猎物，因此不会伤害本土物种。

轮作

因为具有许多优点，轮作被越来越广泛地采用。它不仅有助于防止侵蚀土壤，也打破了杂草、害虫和疾病的生命周期。

该图显示了轮作的运用模式：（1）小麦和（2）燕麦、（3）休耕（这段时间内土地不进行耕作）。在休耕地里，上一轮种植的麦茬在收割后被完好地保留下来，用来恢复土壤的肥力。

利益联盟

被广泛应用于有机农业，它涉及将有利益关系的物种相匹配（如罗勒和矮牵牛），以此来驱除害虫或吸引益虫（如罂粟和薄荷的情况）。

回收时代

目前，地球上生活着60多亿人，每天产生几百万吨垃圾。有些垃圾需要经过多年才能腐烂，有些则直接威胁到地球上生物的健康。垃圾占据了很多空间，在许多情况下，被丢弃的物质是不能再生、且会被耗尽的资源（如石油和某些金属）。回收利用为这个问题提供了一个答案，它有助于减少环境中污染物的排放量，提倡环保意识，为工业生产节约大笔资金，降低原材料的价格（通过回收再利用可以减少对原材料的需求），并能大大减少垃圾数量。●

改变行为

政府必须建立、鼓励大规模的回收利用计划。很多年前，发达国家就已经开始沿着这条路前进了；虽然行动非常缓慢，但欠发达的国家也正在加入这个行列。

回收活动是根据给公众的信息进行的，人们使用不同颜色的容器，将不同种类的垃圾分开。

有机垃圾
这是一种很容易回收利用的废弃物，即便其来自住宅垃圾。处理各类有机废弃物有许多方法，但是，一般情况下，所有这类垃圾都可以被利用来再生能源，以沼气、混合肥料的形式提供给农业。

金属
回收金属，不仅仅是为了重复利用有限的资源，也有助于减少对水质的污染，因为金属的矿化过程通常对环境有危害，它产生的残渣会污染水体。铝是最重要的金属之一，与制造新铝相比，回收再利用可以减少95％的污染。

玻璃
回收玻璃的目的是为了节约能量，减少玻璃生产过程中产生的废弃物（生产1立方厘米玻璃产生155千克废料），增加效益（对其重新利用带来的）。分解玻璃需要至少5 000年的时间。与生产新玻璃相比，玻璃回收可以减少20％的空气污染和50％的水污染。

电池
由于电池中含有剧毒物质（如汞和镉），因此非常有必要对它们进行回收。当电池被扔进垃圾堆或燃烧时，它们产生的危险物质就会被释放到空气中、水中或地面上。但是，电池回收工序复杂、成本高，这有时会妨碍对电池回收的实施。

铝回收再利用产生的污染量只有生产新铝的

5％。

哪些东西可以循环再用

▶ 据统计，大约95%的垃圾可以回收再利用，但目前人们缺乏回收环保意识，尤其是那些作决定的人。

17棵

这是制造1吨纸需要砍伐的树的数量，同时，造纸过程中还需要使用28 000升水。

轮胎

在世界各地，上百万的轮胎被生产出来，而那些被新轮胎替代的破旧轮胎，在没有任何管理的情况下就被丢弃了。这种状况已经成了过去一个世纪以来最大的环境问题之一。轮胎回收利用可以产生几种有用的材料（如橡胶可以用于车辆上、绝缘体中、填充物中和人行道上），有些甚至可以用来燃烧发电。然而，大多数国家没有回收和利用轮胎的有效系统。

工业用油

这是以石油为原料生产出来的最有价值的产品之一，但它是不可再生物质。被丢弃的废油是一类很严重的污染源，据估算，每天被丢弃的工业废油的数量，相当于1艘油轮的载货量。回收这些废油比生产新的工业用油更经济，它只需要较少的投资，并有助于减少污染。

木材

世界上每天要砍伐数百万棵树木，其实很多是没有必要的，因为木材是可以回收利用的。例如，制造1吨刨花板需要6棵树，通过回收废旧木材就不需要砍这些树了。这既节约了能源，又避免了原材料价格的过度增长。

电器

每年有数百万台电器和电脑被废弃，而政府却没有任何回收政策对它们进行管理。计算机上的很多部件都需要数千年的时间才能腐烂，而且有的还含有贵重金属和工业用塑料。政府关于分解计算机和其他电器零部件的回收政策以及相关的交易正在慢慢实施和兴起。

纸

纸回收也许是一种最广泛的回收实践，随着纸张消费量的增长，对纸张的回收变得非常必要。据统计，生产印制美国所有报纸的周日版所需的纸张大约需要砍伐5万棵树。生产1吨高品质的纸张需要444 000升水，相比之下，生产1吨回收再利用的纸的用水量只有它的0.5%，所使用的能源也只有它的1/3。

塑料

塑料行业一直尝试生产一种持久的，同时又不需要用几千年时间来分解的"自然"塑料。回收是目前处理塑料这种最基本的、必不可少的材料的途径。塑料是以石油为原料制造出来的，而石油的储量是有限的，随着石油价格的日益攀升，塑料生产必定会受到影响。塑料的回收利用是世界上最常见的回收形式之一。

种子库

根据最悲观的估算，平均每天都有20个物种永远地离开了我们。尽管这种统计难以确认，但生物多样性正在以惊人的速度减少却是难以否认的事实。在一个遥远的挪威小岛，科学家们正在尽最大努力保护尽可能多的种子。这些种子的样品被放置在几乎可以抵御任何灾难的制冷设备中。这个种子库可以储存多达25亿颗成千上万不同物种的种子，以防止其物种的灭绝。●

21世纪的诺亚方舟

这个种子库坐落在一个海拔100米高的山坳里，山坳位于北极附近一座岛屿的冰冻地形上。其设计是为了保护几十万种子样本免受任何意外的灾难。

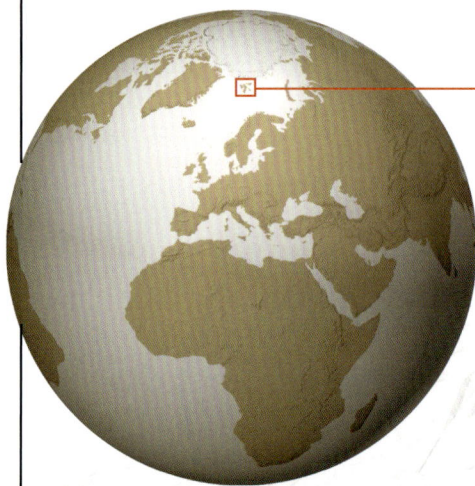

极地附近
这个种子库位于挪威斯瓦尔巴群岛的斯匹次卑尔根岛上，距这个岛最近的城镇是朗伊尔城，那里有2 000名居民。北极距离种子库仅1 120千米。

当地球上所有的冰都融化时的海平面位置。

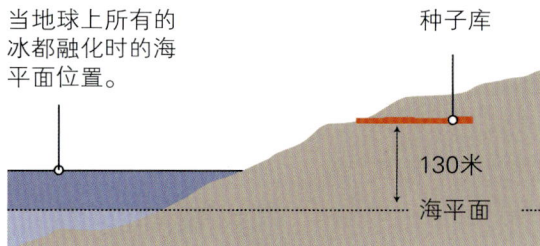

种子库

130米

海平面

种子库建在海拔130米的地方。即使世界上所有的冰川和冰盖都融化了，海平面最多只能升高70米。因此，种子库还是安全的。

入口隧道
这里设有几道安全门，增强了应对任何潜在问题的防范能力。

入口
是由金属和混凝土建造的，其照明采用特殊的工艺。

安全门
安全门形成了一个与外界隔离的屏障，既可以防止任何形式的污染，也可以防爆。

室外气候恶劣，并有很多北极熊。

入口坡道

130米

要进入种子库，必须通过带有照相设备的安检门。

1 000万美元
这是建设种子库的投资金额，整个工程历时一年。

200年

这是种子库的内部设施至少可以运转的年数。而种子库的建筑结构是永久性的。

这座山的表面是永久性冻土层，即使所有的制冷系统都出现了故障，冻土层还可以确保种子库内的温度不高于−5℃。

山的砂岩和种子库的加固结构可以有效地防御地震、核战争以及任何其他可以想象的灾难。

沉重的大门可以阻止空气进入，也可以防爆。

种子库的墙壁
钢筋混凝土的墙壁有1米厚，带有两个气闸舱门。

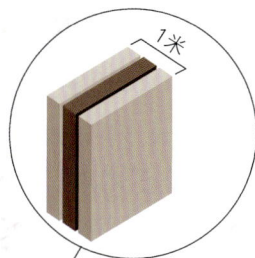

1米

实验室和办公空间
行政职能（如库存管理）在这里进行。

种子库
共有3个拱廊，墙壁都是1米厚的钢筋混凝土，每个拱廊建有2个气闸门，其内部温度是−18℃。

每盒装有400个信封。

尽管斯瓦尔巴群岛的种子库也存储着其他植物物种的样本，但它优先保管可以作为食物的物种的种子。

每个信封或样品袋中平均装有同一物种的450粒种子。

储存
种子被储存在真空密封的铝箔信封内，这种信封长26.5厘米，宽9厘米。每个信封（也就是每个物种）都有一个用于鉴定的条形码。信封被整齐地排放在用可再生塑料制成的盒子内，这些盒子的长宽高分别是64厘米、40厘米和28厘米。

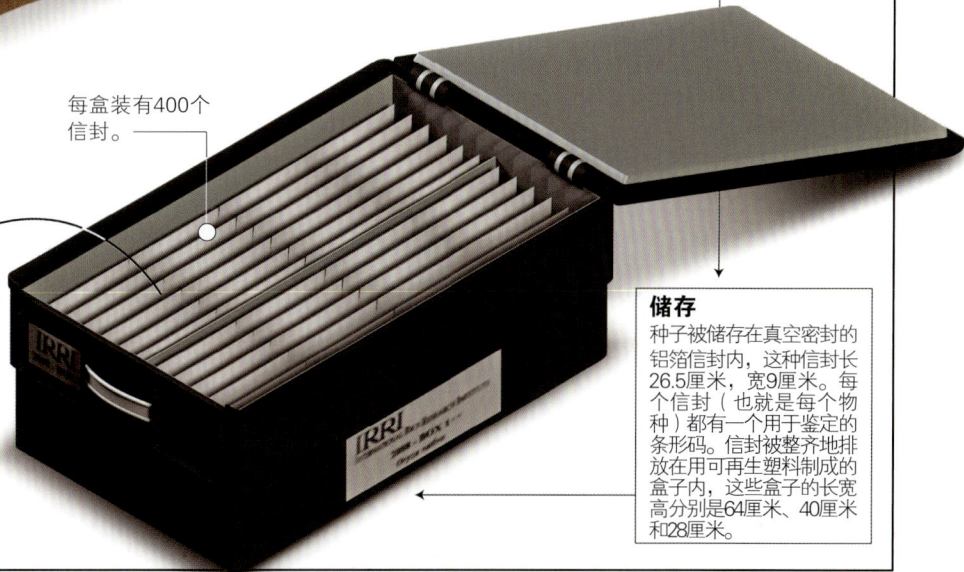

克　隆

1997年2月下旬，第一只克隆哺乳动物诞生的公告震惊了全世界，那只采用成年羊细胞克隆出来的羊，名叫"多莉"。这个来自苏格兰实验室的消息一经公布，就立即在各国政府、科学家、教会和民众中引起了强烈的反响。人们担心，如果现在可以克隆羊，那么有一天就有可能克隆人类。在那一科学里程碑后的10年间，科学家们已经成功地克隆出了其他物种。一些国家严令禁止进行克隆人实验，但是关于这个话题的辩论会一直持续下去。●

什么是克隆？

克隆是从一个生物原型上产生另一个与其遗传基因完全相同的个体。克隆通常发生在植物的无性繁殖中，如截取一棵现有植物上的枝杈而将其养育成另一棵新的植物，这就是克隆。人类的同卵双胞胎，是从一个胚胎的自然分区中成长起来的，他们的基因是相同的。

应用

克隆技术对生产人们想要获得的某种特定特性的动物或植物非常有用。典型的例子包括转基因奶牛（它们所产的牛奶中含有药物），用于医疗研究的基因样本相同的猪、老鼠和猴子，以及高品质的农场动物。

也有人认为，这项技术有可能会挽回已经灭绝的动物的生命，如猛犸象、塔斯马尼亚虎和渡渡鸟。

争议性问题

- 当一个物种中的独立个体具有的基因多样性相对少时，它们是非常脆弱的。因为某些能利用一个个体基因弱点的东西（如疾病），就可影响整个物种。可以说，大自然"发明"基因多样性，为物种提供了一个保护体系。
- 大多数国家都颁布了严禁克隆人的法令。虽然有些人开始想象相同人类的世界，但即使两个人具有一样的基因构成，他们也不是同一个人，同卵双胞胎可以解释这一点。
- 人类是他们基因的产物，但同时也是其他复杂、不可预知的因素的产物，如周围环境、家庭因素和个人历史等。

令人惊讶的技术

科学家为了克隆绵羊多莉，使用了一个黑面母羊的无细胞核的卵子（卵细胞），以及一个白面母羊的乳腺细胞核。多莉是白面母羊的精确复本，因为它的细胞核提供了基因遗传物质。

用于克隆的乳腺细胞，是从正处于妊娠晚期的母羊的乳腺切片中获得的。

培养乳腺细胞

在刺激羊的卵巢后，科学家们通过手术从羊的体内取出了卵母细胞（未受精的卵子）。

29

这是在创造多莉的尝试中，共采集的胚胎数，但只有一个幸存了下来。

为了阻止这些细胞的正常生长和分裂，要把它们放入低营养浓度的培养液中保存5天。

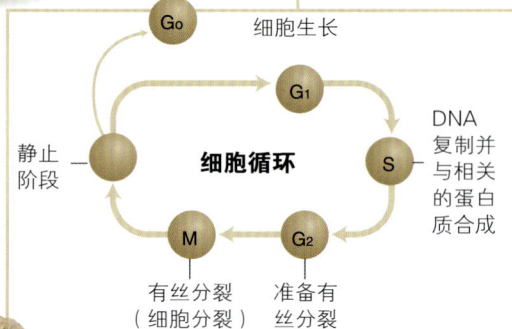

细胞循环

- G0　细胞生长
- G1
- S　DNA复制并与相关的蛋白质合成
- G2　准备有丝分裂
- M　有丝分裂（细胞分裂）
- 静止阶段

卵母细胞的细胞周期停留在静止阶段（中期2）。

线粒体　半透明细胞膜

质膜

极体

卵母细胞染色体

摘除卵母细胞的细胞核（细胞核的提取）。

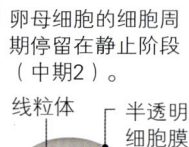

用微量吸液管抽吸细胞核。

多莉羊

1996年7月5日诞生于苏格兰爱丁堡附近的罗斯林研究所。起初多莉并没有引起世人的注意，直到次年2月它诞生的消息公布，才引起了全世界的骚动。

13只代孕母羊，只有1只坚持到最后的分娩。

选择6个静止状态中的乳腺细胞。

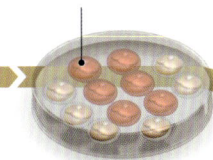

无核卵母细胞

将乳腺细胞与细胞核已被取走的卵母细胞置放在一起，用电流使它们相融合，并刺激卵母细胞生长。

培养去核卵母细胞。

电流促使乳腺细胞和去核卵母细胞相融合。

双套染色体

277个胚胎要经过6天的培植。其中，只有29个可以移入母体体内。

6天后，247个胚胎恢复了活力。其中只有28个可以使用。

多莉的诞生证明了用一个成年动物的细胞克隆出较高等的动物是可能的。克隆多莉使用的是乳腺细胞。

多莉在罗斯林研究所度过它的一生，并生了6只羔羊。

虽然预计多莉能活到12~15岁，但由于肺病不断地恶化，它在2003年2月14日接受了安乐死。苏格兰兽医认为，多莉的病与克隆技术无关。

多莉跟它的母亲并不完全相同，因为一些DNA存在于细胞核之外（线粒体DNA）。细胞血浆、DNA和子宫间的相互作用和过程不会完全复制每一个细节。

到目前为止，对猪、猴、猫、鼠、马、青蛙和许多其他动物的克隆实验都已经取得成功。

29个胚胎被移进13只代孕母羊的子宫内。妊娠期为5个月。

人类治疗性克隆

尽管这个领域存在非常多的争议，但科学家们仍在设法从克隆的某些人类胚胎中提取干细胞。

干细胞

它是未分化的胚胎细胞，也就是说，它们是万能的，还没有被固定化为身体的某一部分组织。研究人员计划利用这些细胞重新创造人体不可再生的器官和组织结构（如神经组织）。种植器官可以避免移植器官所需要的供体问题，由于再生器官的细胞中含有与接受人一样的基因信息，因此不存在组织排斥的危险。

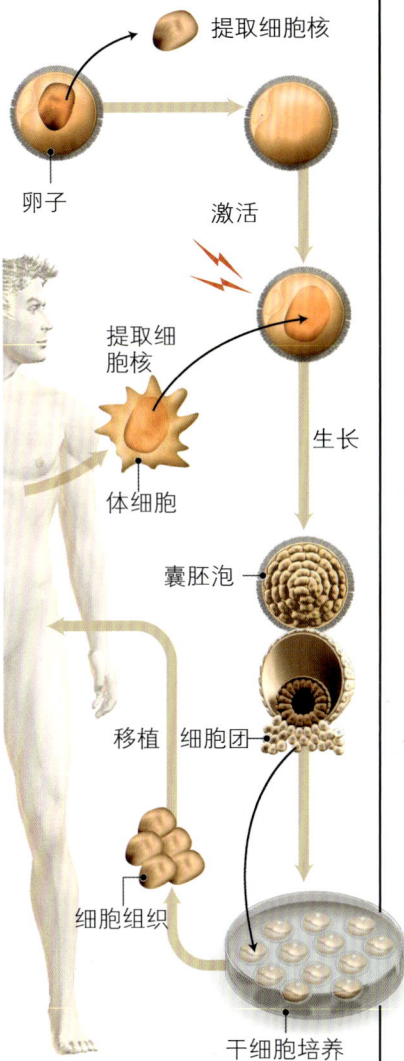

提取细胞核

卵子

激活

提取细胞核

体细胞

生长

囊胚泡

移植 细胞团

细胞组织

干细胞培养

争议

虽然这种技术并没有用来创造人类，但它需要将胚胎杀死。一些宗教人士不能接受这一点，因为他们认为从受孕那一刻起，生命就已经存在了。

家庭省电计划

每生成1千瓦的电力，以煤为动力的涡轮机就会向大气中释放750克的二氧化碳。此外，家庭用电中有很大一部分被浪费了，这表现在很多方面，如让电器一直开着或使用低效的加热器或灯泡。●

需要用多少能源?

▶ 大多数人不知道他们的电器需要用多少电。了解这些信息既有助于保护环境，也可以降低电费开支。

以一个小小的40瓦灯泡的耗电量为参照。

瓦是功率单位，代表一个用电设备每秒钟消耗的能量。

吊扇
消耗700瓦
相当于17.5个小灯泡。

吊扇的用电量是空调的1/10。

电吹风
消耗100瓦
相当于2.5个小灯泡。

空调（1.8匹）
消耗1 580 W
相当于40个小灯泡。

电视
消耗150W
相当于3个小灯泡。

电视机关闭后，仍在继续消耗能源，除非拔掉它的电源。

迷你立体声
消耗18W
相当于0.5个小灯泡。

空间加热器
消耗2 500 W
相当于62.5个小灯泡。
电气空间加热器的耗电量很大，因为它们的效率比较低，只有一小部分能量被转换成热能。

效率较高

A

B

C

D

E

F

G

效率较低

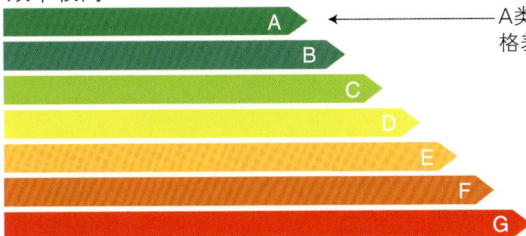

A类电器可能比G类电器的价格高，但价格差会通过长时间的节能而体现出来。

欧盟能量标志

▶ 欧洲国家使用这种标识，以提供电气设备能量效率的有关信息。

该标志从A到G共分为7个等级，用以显示相对的效率类别。A类电器的耗能量不超过D类电器耗能量的55%，B类的耗能量是D类的55%~75%，C类是D类的75%~90%。

冰箱/冰柜
消耗368 W
相当于10个小灯泡。

如果冷冻室的内壁一直保持无冰，冰箱电机的工作量就会小一些。

电烤箱
消耗1 200 W
相当于30个小灯泡。

微波炉
消耗1 300 W
相当于32.5个小灯泡。

洗碗机
消耗2 500 W
相当于62.5个小灯泡。

咖啡机
消耗400W
相当于10个小灯泡。

热水器
消耗4 000 W
相当于100个小灯泡。

洗衣机
消耗2 170 W
相当于55个小灯泡。

电熨斗
消耗1 000W
相当于25个小灯泡。

使用熨斗最高效的方法，是先熨需要低温烫熨的衣服，最后熨需要最高温烫熨的衣服。

1个100瓦灯泡的耗电量与4个25瓦的灯泡相同，但它所产生的光亮却是4个25瓦灯泡放在一起的两倍。

吸尘器
消耗1 000 W
相当于25个小灯泡。

使用遮阳篷、遮光剂、窗帘或其他手段来阻挡阳光，有助于节省空调的能源消耗。

840千克

这是1只电灯泡每天使用24个小时、连续使用1年所需电力在发电时所产生的二氧化碳的排放量。

节能灯泡

▶ 紧凑型荧光灯泡与传统的白炽灯泡相比，照明效率要高得多。它们含有气体，当电流通过时就会发光，且会将绝大部分能量转化成光。与此相反，白炽灯泡消耗的能量除了转化成光外，还有一大部分转化成了热能。

这种类型的灯泡可以节省高达80%的能源，且寿命远远超过了白炽灯泡。

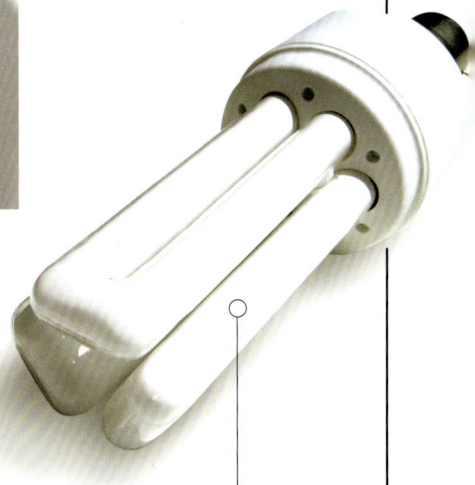

节能灯泡特别适合那些需要长时间照明的地方，因为它要用上几分钟才能达到正常灯泡的亮度。有些人表示，与白炽灯泡相比，他们不喜欢节能灯泡的冷光色调。

25℃

这是空调的推荐设置温度。在使用时，温度设置每降低1℃，就会多耗能10%。

绿色运动

尽管地球环境的良好状态受到多方面的威胁，但是目前越来越多的人，如科学家、社会学家、经济学家、商界领袖、工人、政治家、神职人员，以及传统的环境保护主义者，都决定一起努力帮助社会改变以往对待地球的态

灾难

工业革命以来，人类的活动日益威胁着环境。无论发生在海上还是陆地上的事故，所释放出的有毒物质都在肆虐地破坏着当地环境。

度。为此，许多机构也加入其中，如世界可持续发展工商理事会和国际生态经济学会。下面，你将认识一些环保组织，它们

已经成为为"维护地球生命系统"奋斗的象征。●

生态组织

第二次世界大战后，世界在缓慢重建的过程中发生的几次重大事故对环境造成了极大的影响。随着物种灭绝现象的不断增多和全球通信技术的发展，成千上万人开始意识到人类行为对地球造成的破坏。在这种情况下环保概念应运而生，数千个生态组织随即出现，各国也开始在政府层面干预并解决这个问题。●

漫长曲折之路

▶ 20世纪50年代前后，生态意识和环保论成为一种全球理念，而且在此后的几十年中，这种理念被逐渐强化。虽然大家很清楚能源消耗与环境恶化的中期和长期后果，但是到21世纪为止，在全球可持续发展这条充满荆棘的道路上我们几乎没有取得任何进展。

21世纪议程

这是联合国提出的一份关于各国政府应该遵循的实现可持续发展的详细规划。在1992年的地球首脑会议上有179个国家通过了这份规划。

1962

雷切尔·卡森的《寂静的春天》是一本很有影响力的书，被认为是提高人们环境意识的一座里程碑。这本书讲述了人类的活动（尤其是使用农药）对大自然的破坏，引起了公众的警觉。

1968

第一次举行罗马俱乐部会议。今天，这个组织由近百位杰出的人物以及30多个国家的社团组成。俱乐部每次独立会议都在确定和分析地球目前所面临的关键问题。

1972

受罗马俱乐部委托，美国麻省理工学院出版了《增长的极限》这份研究报告。该报告包括一个模拟软件，显示人口增长速度及与其相关的环境恶化将导致生态系统崩溃。此研究每十年更新一次。

🔵 联合国人类环境会议在瑞典的斯德哥尔摩举行，它被认为是第一届地球首脑会议，会议上通过的《斯德哥尔摩宣言》则被认为是第一份关于环境权的基本文件。

1972

联合国环境规划署（UNEP）应运而生，它的使命是"领导全球保护环境，促进各国建立伙伴关系，激励各国政府及人民保护环境，向规划署提供信息，在不危及后代利益的前提下，提高人们的生活质量"。

PNUMA

1975

乘坐小型充气快艇的绿色和平组织成员，为了对抗苏联的捕鲸船"达尔尼东方号"，将快艇挡在了正被猎捕的鲸鱼之前。随后，捕鲸船将一个鱼叉插向充气快艇的图像迅速传遍了世界各地。这件事促使国际社会立即采取行动——反对捕鲸。

1982

🔵 第二次地球首脑会议在肯尼亚的内罗毕举行。大会向参会者通告了第一次地球首脑会议以来环境恶化的情况，代表们提交的文件中也都提到了有关自然资源的分配和环境保护的问题。

UN Climate Change Conference 2007
Bali - Indonesia

1987

《布伦特兰报告》出版，这是一项由联合国委托的研究项目的报告。报告中报道了许多国家的社会经济状况，首次使用了"可持续发展"这个术语。

1989

世界范围内全面禁止捕鲸的规定出台，但其中有一条特例——日本每年可以继续捕捉几百条鲸鱼用于科学研究。

1992

🔵 第三次地球首脑会议在里约热内卢举行。会上，代表们通过了第一份具有约束力的有关环境的条约，并发表了一系列促进经济可持续发展的声明。第二年，一个负责评估进展情况的委员会成立，并规定每五年评估一次。

1996

在冰雹般的批评声中，法国在太平洋的穆鲁罗瓦环礁进行了其最后一次核武器试验。

1997

工业化国家签署了《京都议定书》，并做出承诺：到2012年减少6种温室气体和3种工业气体的排放，使其总体排放量比1990年的水平低5%。但由于美国政府拒绝批准《京都议定书》，使它几乎成为一纸空谈。

2002

🔵 新一轮首脑峰会在南非的约翰内斯堡举行，会上达成的协议平淡无奇，也没有产生重大分歧。

2007

在印度尼西亚的巴厘岛峰会上，世界各国的代表重新确立了《京都议定书》，并根据当前形势对其内容进行了修改。但作为主要污染国家之一的美国拒绝批准该协议。

斗士

◤ 在过去的几年中涌现出成千上万个环保组织，但它们的理念和特点各不相同。有一些组织由于发挥的作用和活动影响力，已经被世界所熟知。

世界自然基金会（WWF）

创建于1961年，拥有约500万会员，在100多个国家设有办事处。世界自然基金会的宗旨是保护自然环境，努力促进人类与自然的和谐发展。除了发起环保运动，基金会还在建立和管理保护区、配合当地环保组织工作等方面取得了突出的成绩。

绿色和平组织

1971年在加拿大成立，目前大约有300万名成员分布在世界各地。它是宣扬生态与和平的组织，强烈反对改变气候、转基因生物、污染、核能和核武器等。绿色和平组织在上述这些问题的各个方面都发挥了重要的作用。

地球之友

这个生态组织创建于1969年，由来自约70个国家的5 000个社团组成，大约有100万名成员。地球之友主要关注的是流行的经济模式和跨国公司的全球化运行，它促进了那些关注生态可持续性和社会公正问题的团体组织的创建。

15％

这是1990年以来，美国温室气体的排放量增加的比例。 1997年，美国政府在签署《京都议定书》时做出承诺：在2012年之前，美国温室气体的排放量将减少6%。但在2001年，美国政府却宣布不批准该协议。

伟大的运动

鲸、大熊猫、大猩猩、海豹，甚至亚马孙雨林都成了全球保护生态运动的焦点。这些伟大的为保护环境做出的实际努力，不仅提高了人们的生态意识，同时还成为一代人为环保事业奋斗的象征。尽管有一些运动是用领导者的生命为代价的，但每一次运动都将无数的人从消极的状态中唤醒，并积极地面对绿色事业。●

拯救鲸

▶ 1989年捕鲸禁令开始生效，只有日本因为所谓的科学研究（尽管它被怀疑为商业目的性活动）可以捕杀有限数量的鲸。经过环保主义者10年的奋斗，捕鲸禁令终于得以推行，但此时有些种类的鲸已经处于灭绝的边缘了。

1975年，绿色和平组织的"菲莉丝·科马克"号橡皮艇在夏威夷附近遇到了苏联的捕鲸船"达尔尼东方"号。从捕鲸船上射出的鱼叉飞向绿色和平组织橡皮艇的图像，在世界上造成了极大的影响，捕鲸的残忍行为终于引起了国际社会的关注。

由于有了捕鲸禁令，全世界的鲸数量正在非常缓慢地恢复。但日本、挪威和冰岛仍在为重启商业捕鲸而努力。

当禁令生效时，某些物种已被毁灭了90%以上。

860万公顷

这是自奇科·门德斯采取行动以来，被保护起来的亚马孙热带雨林的面积。

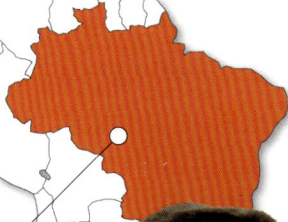

亚马孙雨林的保护者

▶ 奇科·门德斯是巴西的一位橡胶工人，他谴责跨国公司对亚马孙雨林的破坏，使当地居民失去了赖以生存的森林。门德斯主张像当地居民那样采用可持续利用热带雨林的方式，而不要采用破坏性的方式，这在当时造成了巨大的影响。

奇科·门德斯在两条战线上作战：一方面他组织封锁，让所有人用自己的身体去阻止伐木工使用电锯；另一方面他通过外交努力，成功地将这一问题提交到了美国参议院和美洲开发银行，使其停止帮助对涉及破坏热带雨林的新项目进行融资。

联合国授予奇科·门德斯全球500奖，表彰他为保护环境而进行的斗争。他的努力使43个地区成为保护区，在那里有40 000个家庭以可持续发展的方式利用热带雨林的自然资源。1988年，农场主将门德斯暗杀。

残忍的行为

▶ 猎杀格陵兰海豹（竖琴海豹）被一些人认为是极其残忍的行为。在环保人士坚持不懈的努力下，这种行为终于画上了句号。

在加拿大海岸沿线，每年大约有35万只海豹被杀害，使用的工具基本上是棍子和步枪。

各国政府和环保组织要求加拿大政府制止这种杀戮行为。一些组织在海豹幼兽的背上涂上颜料以消除其毛皮的商业价值，从而防止它们被猎杀。

格陵兰海豹的栖息地

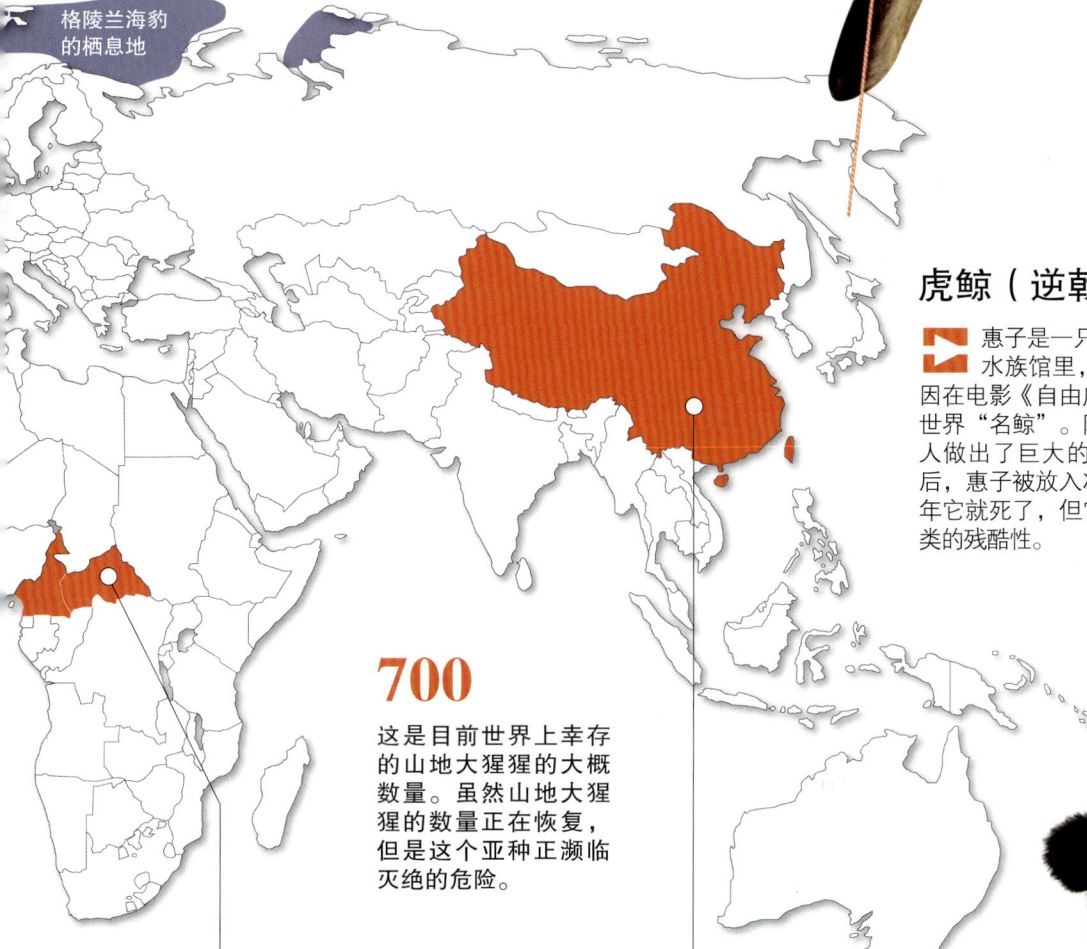

虎鲸（逆戟鲸）的象征

▶ 惠子是一只虎鲸，它从3岁开始就生活在水族馆里，在那里被训练以娱乐大众。因在电影《自由威利》中扮演主角，惠子成为世界"名鲸"。随后，为了放它回大海，很多人做出了巨大的努力。经过大量的准备工作后，惠子被放入冰岛外海的水域中，尽管第二年它就死了，但它的故事促使人们关注圈养鲸类的残酷性。

700

这是目前世界上幸存的山地大猩猩的大概数量。虽然山地大猩猩的数量正在恢复，但是这个亚种正濒临灭绝的危险。

薄雾中的大猩猩

▶ 戴安·福赛是美国的一名职业治疗师，她花费了13年的时间研究山地大猩猩（高山大猩猩），把这种动物从灭绝的边缘救了回来，尽管现在它们仍然处于危险之中。戴安·福赛在卢旺达和刚果民主共和国的维龙加山脉中与大猩猩们生活在一起。

除了使大猩猩引起世界的关注，帮助人们消除对大猩猩行为和攻击性的某些错误认识，戴安·福赛还坚持不懈地反对偷猎者，这导致她在1985年被谋杀，这一案件至今仍未被破获。

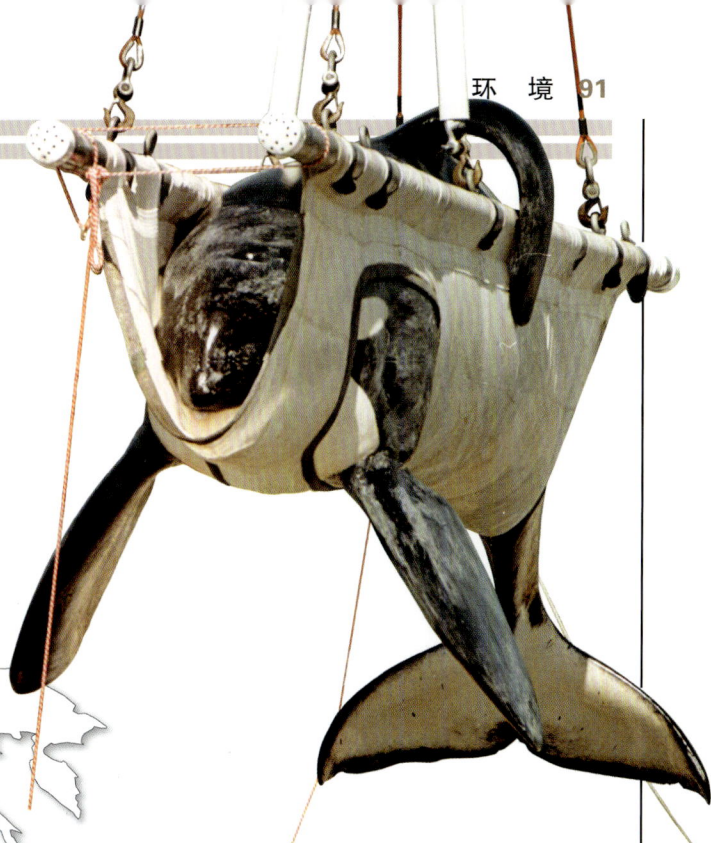

中国巨人

▶ 大熊猫的栖息地曾遭受过几十年的攻击，这导致它们濒临灭绝。幸运的是中国政府发起了许多拯救大熊猫的活动，使大熊猫的数量正在增加。据估算，目前大约有3 000只大熊猫生活在中国的竹林中。

最后的伊甸园

目前，大面积地保护环境恶化比较严重地区的唯一方法是建立保护区。自从第1个国家公园——著名的黄石国家公园于1872年首先在美国建立以来，全世界大约有102 000个地区也以某种类型被保护了起来。它们共占地1 900万平方千米，将近地球表面的4％。●

保护时刻来临

保护一个地区直接关系到保护什么。一般来说，这些被保护的地区拥有十分独特的美景和很高的生态价值。有时候，保护一个地区的唯一目的是保护一个濒危物种或保护一个独具特征的生态系统。

不同的保护区

并非所有的保护区都沿用相同的管理模式，最严格的保护是尽量保持保护区内不发生任何变化，有些保护则允许采用可持续发展的方式，开发保护区内的资源。以下是国际自然与自然资源保护联合会 (IUCN)采用的一种保护分类方式。

各类保护区所占的比例
（占总数的百分比）

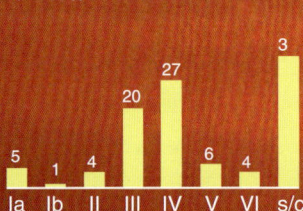

Ia	Ib	II	III	IV	V	VI	s/c
5	1	4	20	27	6	4	3

I **严格的自然保护区、自然野生区**
保护区管理主要用于科学研究目的，目标是保护自然环境。

Ia 严格的自然保护区
主要以科研为目的。这种保护区一般拥有一个生态系统，或具有地质学或生理学性状，或者有著名的或典型的生物物种，主要用于科学研究、科学活动以及环境监测。

Ib 野生区
主要以保护大自然为目的。未曾改变或仅稍微改变这里的土地和水域，保持其原有的自然特征或影响。在这里没有人长期居住，对它进行保护和管理是为了保持其原有的自然状态。

II **国家公园**
建立国家公园的主要目的是保护其生态系统、提供休闲娱乐场所，因此这里主要用来：

1)为现代人或后人提供一个或多个完整的生态系统。

2)排除任何与其最初设立的意图相违背的开发和利用。

3)为生态和文化视角相容的活动提供一个空间。

乐观的理由

尽管第一批国家公园始建于19世纪晚期，但最近几十年来，保护区的数量一直在显著地增加。

保护区的增长

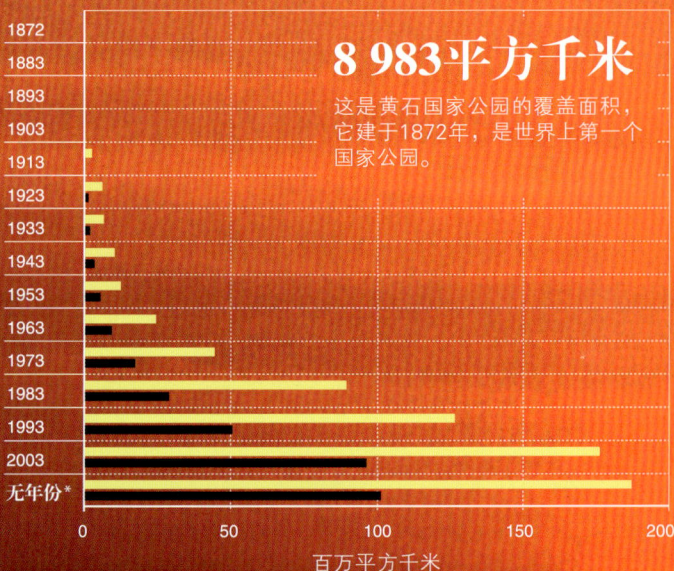

1872
1883
1893
1903
1913
1923
1933
1943
1953
1963
1973
1983
1993
2003
无年份*

8 983平方千米

这是黄石国家公园的覆盖面积，它建于1872年，是世界上第一个国家公园。

0   50   100   150   200
百万平方千米

■ 保护区面积
■ 保护区数目

（＊）该总数中包括成立日期不详的保护区。

III **天然纪念馆**
这是为了保护特定的自然特征而建立的区域。它包含有自然文化特色、优秀或独特价值，以及具有代表性特质或重要文化意义的地区。

IV **栖息地、物种管理区**
这是一片土地或一片海域，主要是为了积极地参与管理和维护某些特定物种所需要的栖息地。它们是为了保护自然资源而建立的。

V **保护陆地景观、海洋景观**
这种保护区是通过人们长期地与大自然互动而塑造出的具有独特特征、审美价值以及生态和文化价值的地方。

VI **拥有可持续利用的自然资源的保护区**
这是为了在一个生态系统中可持续利用其自然资源而设定的保护区。它保护天然的、未曾改变的生态系统，使其维持长期的生物多样性，保证天然产品的可持续流动性。

濒危

➡ 宣布一个地区成为保护区并不能阻止那里的情况继续恶化。有些保护区仅存在于文件上，因为它们没有得到任何形式的有效保护。在这些保护区内，捕猎和破坏自然的行为仍然存在。这种声明也不能保护这一地区免受气候变化、荒漠化、空气和水污染的影响。

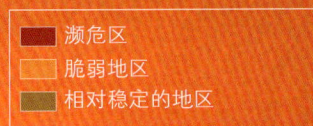

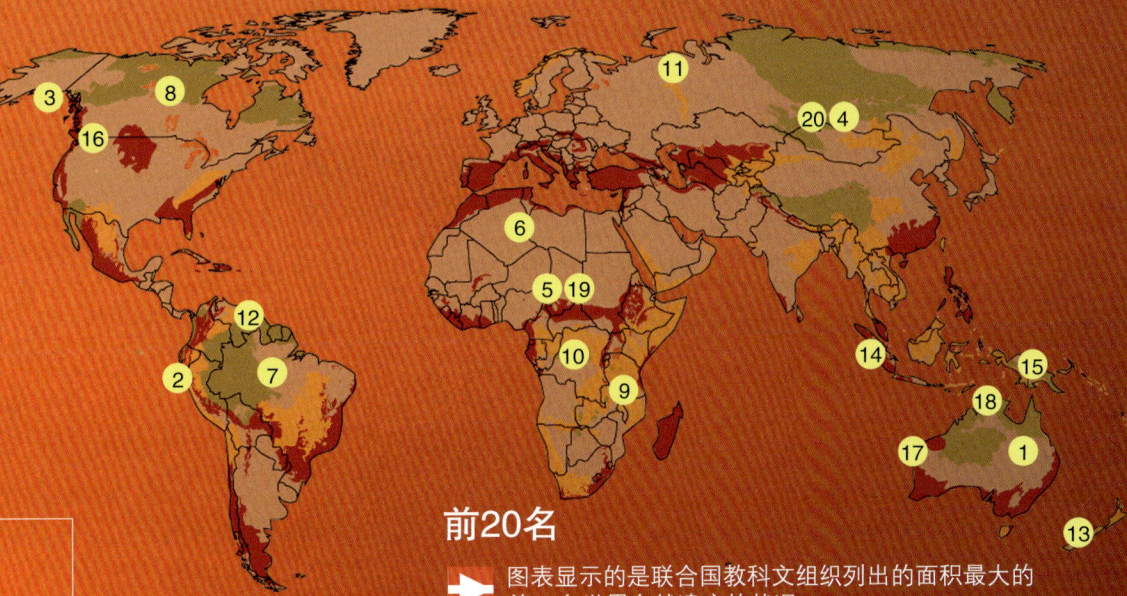

- 🟥 濒危区
- 🟧 脆弱地区
- 🟫 相对稳定的地区

100%

这是帕劳和图瓦卢（两个岛屿国家）受到保护的区域面积。保护区占国土面积最多的大陆国家是芬兰，其75%以上的领土都在保护区内。

许多非洲国家公园和保护区的建立，是为了保护那些被捕猎者集中追杀的大型动物，防止为了得到毛皮和象牙而进行捕杀。现在，尽管情况有所改善，但由于民族间的武装冲突和栖息地持续遭到破坏，这些地区仍然非常脆弱。

前20名

➡ 图表显示的是联合国教科文组织列出的面积最大的前20名世界自然遗产的状况。

	国家	世界遗产	面积（公顷）
1	澳大利亚	大堡礁	34 870 000
2	厄瓜多尔	加拉帕戈斯群岛	14 066 514
3	加拿大/美国	克卢恩/朗格尔和圣伊莱亚斯/冰川湾/塔仙希尼和阿尔塞克	9 839 121
4	俄罗斯联邦	贝加尔湖	8 800 000
5	尼日尔	阿伊尔和泰内雷自然保护区	7 736 000
6	阿尔及利亚	塔西利-恩-阿耶	7 200 000
7	巴西	中部亚马孙河保护区	5 323 000
8	加拿大	伍德布法罗国家公园	4 480 000
9	坦桑尼亚联合共和国	塞卢斯野生生物保护区	4 480 000
10	刚果民主共和国	萨隆加国家公园	3 600 000
11	俄罗斯联邦	科米原始森林	3 280 000
12	委内瑞拉	卡奈马国家公园	3 000 000
13	新西兰	蒂瓦希普纳穆自然保护区	2 600 000
14	印度尼西亚	苏门答腊热带雨林	2 595 124
15	印度尼西亚	洛伦茨国家公园	2 505 600
16	加拿大	加拿大落基山脉公园群	2 306 884
17	澳大利亚	鲨鱼湾	2 197 300
18	澳大利亚	卡卡杜国家公园	1 980 400
19	中非共和国	马诺沃贡达圣佛罗里斯国家公园	1 740 000
20	俄罗斯联邦	阿尔泰黄金山脉	1 611 457

物种最后的伊甸园

➡ 1984年提出的"需要对特殊物种提供保护"的舆论，促使阿根廷宣布濒临灭绝的南方露脊鲸是"国家标志性动物"，这一行动使该物种的情况逐渐开始好转。

术　语

饱和度

土壤的总吸水能力。达到饱和度后，植物会因根部无法呼吸而导致死亡。

暴发

指害虫数量的突然增加，这经常是由于使用农药杀死了害虫的天敌造成的。

本底辐射

人类普遍暴露于其中的来自天然来源的放射性辐射。

濒危物种

由于人类的影响，数量正在迅速减少的物种。

病原体

指一种能导致疾病的有机体，它们通常是极其微小的。

不可生物降解的

此类物质不能被生物有机体消化或分解掉，包括塑料、金属铝及许多其他用于工业或农业生产的物质。当那些沉积在生物体体内的有毒合成物质不可降解时是十分危险的。

产业化农业生产

指通过使用化肥、灌溉、农药、化石燃料能源等，以最少的工作量来生产出大量的谷物或牲畜等农产品，用于国内销售或出口的农业生产方式。

储藏量

指以当前的技术可能开发利用的地壳下的矿产资源总量。已证实储量是指已得到广泛确认的储量；预期储量是指尚未发现但据估测应该存在的储量。

脆弱性

某一物体很容易被破坏的特性。由于连续的高强度辐射撞击，核反应堆容器会出现裂纹或断裂的倾向，这是关闭核电厂的主要原因。

单一种植

每年在同一块土地上种植同一种粮食的种植方式。

地表径流

降水在地表流动，而没有渗透到地下的部分。

地表水

指地球表面的湖泊、河流及池塘等水体，与之相对的是地下水。

地面风化物

指生态系统中的叶子、树枝或其他干燥植物部分的自然覆盖。它们可以被快速地分解、回收，而不同于人类产生的废物（如瓶子、罐子和塑料等）。

地下水

土壤中积累的水，它能填补、渗透到所有土层的空间和缝隙中，并可以自由地流动。地下水是由地表水进行渗透补充的，它也是喷泉和温泉的水源。

二噁英

一种合成有机物质，是氯化烃化合物的一种。二噁英含有剧毒，即使很低的浓度也容易导致癌症和先天性缺陷。由于它被用在某些除草剂中，因此成为一种非常广泛的污染物。

防风林

被栽种在耕地四周的成行的树，用以阻挡风对土地的侵蚀。

放射性物质

含有不稳定同位素的物质，能向周围放射辐射。

工业烟雾

湿气、烟尘和硫化合物等形成的浅灰色的空气混合物，往往出现在以煤炭为主要能源的工业密集区上空。

国家公园

由政府管理和维护的具有审美、生态或历史重要性的陆地和海岸，目的是保护它们，并向公众开放。

国家森林

政府出于各种目的而负责管理的公共森林和林木，森林管理的范围包括砍伐林木、矿产开发、畜牧和休闲娱乐。

过度放牧

指在一个地方放牧的牲畜的数量超出了这块牧场能够长期持续承载的数量。过度放牧有可能获得短期的经济利益，但牧场（或其他生态系统）会被破坏，并失去维持其生命力的能力。

海水淡化

通过蒸馏或微过滤处理来净化海水，使其能够饮用。

环境保护论

一个思想学派，其前提是认为自然资源是自然环境的产品，只有保持自然资源的可持续发展，才有可能保护它们。

环境考量

想办法减轻对环境影响的因素，如考虑建立保护区或对废弃物回收利用。

环境影响

人类活动对自然环境造成的影响。包括间接影响（如污染）和直接影响（如砍伐树木）。

荒漠化

由于管理不善造成的土地生产力下降。主要是由于过度放牧和耕种导致土壤受到侵蚀或盐碱化。

饥荒

严重的食物短缺，同时该地区的发病率和死亡率也明显地增加。

基础物种

对一个生态系统中其他物种的生存具有决定性影响的物种。

基因工程

人为地将一个物种的基因传递到另一个物种身上。

皆伐

是指砍掉某一地区的所有树木，为农业、畜牧业或人类居住提供空间。其结果往往使这一地区的土地变得完全贫瘠。

经济阈值

施用农药来降低虫害损失所耗费的经济成本甚至高于虫害本身造成的经济损失的程度。

可持续产量

对生物资源（如鱼和树）的获取不超出其自身恢复能力的产量。

可持续发展农业

能保持土壤和水资源的完整性以使它们能被长期利用的农业发展模式。大部分的现代农业都在使其资源变得枯竭，无法持续利用。

可持续性

指在不耗尽生存所需的能量及资源基础之上的不断发展的能力。

可持续性增长

指既能给人们带来更好的生活条件，同时又不会造成资源衰竭或给后代带来不良后果的经济增长模式。

可生物降解

指通过生物有机体（尤其是腐生菌）的作用可分解为诸如二氧化碳和水等自然物的物质。

可再生能源

不会耗尽的能源，如太阳能、风能和地热能。

可再生资源

指诸如树木等生物资源，它们可以重新繁殖和生长。有必要保护它们，以避免过度开发并保护环境。

矿化作用

土壤有机物质（腐殖质）逐渐被氧化，最后只剩下矿物成分的过程。

连锁反应

一种核反应。在这种反应中，每个原子发生的裂变都会导致一个或多个其他原子发生裂变。

粮农组织

联合国粮食及农业组织。

临界水平

在这个水平以上时，一种或多种污染物能够造成严重的损害；低于这个水平时，有害影响不会被察觉到。

氯氟烃

一种通过合成得到的有机分子，含有一个或多个氯原子和氟原子，能破坏臭氧层。

灭绝

指一个物种所有个体的全部消失，该种的所有基因信息也永远消失了。

内陆沼泽湿地

不受海洋潮汐影响的沼泽地。

逆温现象

一种气候现象，在这个现象中暖气层位于冷气层的上方，阻止污染物上升、分散。

农药

一种用于消除杂草或害虫的化学物质。农药是根据要除去的有害物种类进行分类的，例如，除草剂针对的是植物，杀虫剂针对的是昆虫，杀真菌剂针对的是真菌等。

欧佩克（OPEC）

石油输出国组织。

栖息地

有机生物生活的环境，如森林、沙漠、沼泽等。

栖息地的改变

由于排水系统改换、污染或其他直接影响给自然栖息地带来的任何变化。

人口结构

各年龄人口占总人口的比例。由此可以看出，人口主要由年轻人和老年人组成，两组人口的分布或多或少地趋于均衡。

软水

很少或根本没有溶解的钙、镁和其他可以形成皂凝物离子的水。

渗滤液

垃圾在堆放和填埋过程中由于压实、发酵等生物化学降解作用，同时在降水和地下水的渗流作用下产生了一种高浓度的有机或无机成分的液体，称之为垃圾渗滤液。

生态害虫管理

通过研究和运用限制生态因素的方式控制害虫数量，而不是采用合成物药剂。

生态系统

一个自然系统，在这里，植物、动物和其他有机物之间相互影响，并与周围的环境发生相互作用。

生物

活的生命或其衍生物。

生物财富

一个地区从其生物系统中获取的商业、科学和美学价值的总和。

生物多样性

自然界中各种生命体的多样性。它通常被用来指物种，但也包括生态系统和遗传变化。

生物防治

通过引进食虫动物、寄生虫或病原体来对害虫的数量进行控制。

生物固体

在废水处理过程中被移除的有机物。

生物群系

有类似的植被种类和类似的气候条件的一组生态系统，例如：草原、落叶林、北极苔原、沙漠和热带雨林。

生物体内累积

指有机体内有毒物质的浓度不断增多的积累。这种积累是在该种物质被生物吞下后，既不能排出体外、也不能分解腐烂（非生物降解物质）的情况下发生的。

湿度

空气中的水汽量。

食物链或食物网络

生态系统中的一系列食物摄取关系。

寿命

在给定的人口中，个人的平均预期生命年限。

酸性沉降

由酸雨同干燥的酸性颗粒物结合形成的沉降。

替代农业

一种耕作方式，目的是为了尽量减少化学物质的使用。

烃

天然或人工合成的有机物质，主要由碳和氢组成，如石油及其衍生物、煤炭、动物脂肪和植物油等。

通风（通气；充气）

指植物根系呼吸所必需的氧和二氧化碳的交换，加氧以增强溶氧浓度。

突变

有机生物体内的一个或多个基因发生随意变化。突变是自发发生的，但如果受到辐射或接触到某些物质，变异的规模和程度会大大地增加。

推移质

河床沉积下较重的沉积物载荷，尤其是石灰及重黏土等，水流过河床时将其沿河床拖拽而不能将其像悬浮物一样带走。

威胁级别

指对危险及危险可能造成的有害影响的相关迹象进行的评测。

微生物

包括细菌、病毒和原生动物。

卫生填埋场

废弃物（生活垃圾、工业或化学垃圾）被掩埋的地方。

温室气体

指大气中吸收红外线能量并致使空气升温的一些气体。这些气体包括二氧化碳、水蒸气、甲烷、氧化亚氮、氯氟烃和其他碳氢化合物。

温室效应

指大气中二氧化碳和其他一些气体的浓度增加从而吸收、保存了地球释放的大量热辐射，导致大气温度上升。

污染

指有害物质或过度的热量进入空气、水或土壤。污染可以是某种过量的自然物质（如磷酸盐），或者是微量的有毒化合物（如二噁英等）。

细菌

众多通过简单分裂进行繁殖的单细胞微生物中的任意一种。它们和真菌一样，是生态系统的分解者，但是有些细菌具有致病性。

下水道系统

一种收集雨水和输运雨水径流的系统。

现场观测

技术人员去监督农田，并决定是否有必要使用农药或其他害虫控制措施以避免经济损失。

限制因素

决定一种有机体或其种群增长或繁殖的主要因素。它随着时间和地点改变，可以是物理的，如温度和光线；也可以是化学的，如某些营养素；还可以是生物的，如不同物种间的竞争。

消毒

把水或其他介质中构成健康风险的微生物消除，如在水中通常加入氯。

小气候

在特定的局部地区生物体所处的环境条件。由于诸多因素（如绿荫、排水和遮蔽物等）的影响，它与一般的气候有很大不同。

虚弱（营养不足）

由于长期无法获得足够的热量来满足能量需求而导致的身体组织的消耗或死亡。

悬浮颗粒物

一种大气污染类别，具体包括悬浮的固体微粒和液体微粒。

氧化

指物体与氧结合而分解的化学反应。例如，在燃烧和细胞呼吸这两种情况下，有机物与氧结合并分解成二氧化碳和水。

遗传控制

对需要的植物或动物进行选择性繁育，使其能够抵抗病虫害的攻击。同样，在控制害虫数量上也可以尝试对其引入有害基因，如引入不育的基因。

婴儿死亡率

每1 000个新生儿中不到一岁就夭折的数量。

盈利性

指某项目或流程能够产生高于其成本的利润或效益。

应力区

对于某物种来说条件不算优越但尚可忍受的区域。应力区也指某物种在压力下生存的特定区域。

永久冻土层

指北极地区总是冻结的土壤。永久冻土层为苔原的特征，因为只有苔藓等小植物生长在这些每年夏天才融化的永久冻土层的表面薄土层上。

有害物质

指具有易燃性、腐蚀性、化学活性或毒性等一种或多种属性的物质。

真菌

种类众多的霉菌、蘑菇、锈菌以及其他相类似的不进行光合作用的生物体。真菌从不同的有机物中获得能量和营养物质，它们与细菌一起组成了生态系统的分解者。

致癌物

那些能在动物或人体内引发癌症的物质。

置换量

指某系统在对其资源进行收获，或以其他方式使用其资源后所产生的超越其原始状态的能力。

自然保护

对自然资源进行管理，以使其提供给人类尽可能长期的利益。根据不使资源耗尽的原则，它包含不同程度的保护和使用。

自然法则

根据人类观察，物质、能量和其他自然现象总是按照一定的规律运转从而得出的法则。

自然资源

是指具有经济开发价值的生态系统和物种。也指生态系统中的特定部分，如空气、水、土壤或矿物。

最佳幅度

在任何因素或因素组合的关系中，允许某物种良好生长的最大应变量。

索　引